JN258286

ジャイアントパンダの子供*(Ailuropoda melanoleuca)* VU

PHOTO ARK
JOEL SARTORE

動物の箱舟

絶滅から動物を守る撮影プロジェクト

JOEL SARTORE
ジョエル・サートレイ
写真・著
ハリソン・フォード／
ダグラス・H・チャドウィック
関谷冬華 訳

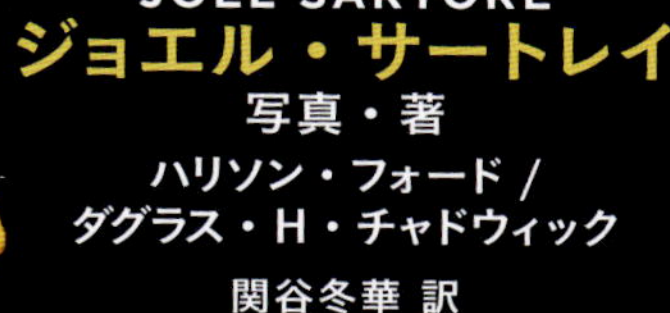

マレートラ *(Panthera tigris jacksoni)* CR

目次

左ページ：シュミットグエノン
(*Cercopithecus ascanius schmidti*) LC
アンデスコンドル(*Vultur gryphus*) NT

キタエロンフタオチョウ
(Charaxes cithaeron) NE

インドブッポウソウ(*Coracias benghalensis*) LC

はじめに

ハリソン・フォード
コンサベーション・インターナショナル副理事長

この本を手にした読者のみなさんには、生物種の絶滅危機が深刻化している現状を改めて伝えるまでもないだろう。恐竜絶滅後の歴史の中で、私たちの惑星はかつてないスピードで多くの生物を失い続けている。

あなたも私のように、トラやチョウ、ラッコやサイなどの野生生物が持つ本質的な価値を感じて自然を愛するようになったのだろう。彼らがいない世界など想像できないが、現実のものとなりつつある。生物種の保護に心を砕く人は、保全活動が単なる自然保護を超えた結果をもたらすことを強く感じている。

環境活動家のE・O・ウィルソン氏は次のように書いている。「残された命を守る義務を果たさなければ、私たちの進化の地であり、すべてを頼っている母なる惑星は破壊され、私たち自身も危機にさらされる」

生物種が姿を消せば生態系は変化する。花粉を運ぶ動物がいなくなれば作物は育たない。捕食者を殺すと食物連鎖は崩壊する。サルや鳥、カメを森から追い出せば、種子は運ばれなくなり、きれいな空気と水を作り出すことで自然環境を整えている森は豊かさを失う。地球の森林と海、湿地帯、サバンナは本書に登場する動物たちのすみかであるばかりでなく、人間と動物がともに暮らす世界を形作っている。

水、食べ物、空気、豊かな土壌、安定した気候、そのどれもが多種多様な生き物たちの複雑な相互作用で得られるものだ。自然を1枚の織物に例えれば、それぞれの生物種は1本1本の糸にあたる。全体をまとめる要の糸がどれかはわからないが、糸が1本引き抜かれるたびにタペストリーがほどけ落ちる瞬間が近づく。

ジョエル・サートレイ氏のプロジェクト「フォト・アーク」は、その糸の1本1本にカメラのレンズを向け、生き物のすばらしい多様性をとらえている。このような多様性ゆえに、世界的な森林破壊や海の酸性化、地球温暖化が甚大な影響を及ぼしているにもかかわらず、自然は驚くべき底力で持ちこたえている。この取り組みの重要性は、1本1本の糸に関心を持つことの大切さを気づかせてくれることにある。被写体は私たちをまっすぐに見つめ、私たちに問いかける。私たちを魅了し、笑わせ、ため息をつかせ、感嘆させる。それぞれの生き生きとした姿を見ると同時に、その動物が絶滅するという現実をリアルに感じることができる。

人類は数多くの生物種の一つに過ぎないが、絶滅へ向かう軌道を修正する力がある。厳しいようだが、ある動物種がいてもいなくても、地球の自然界はほとんど変わらないのが現実だ。人間が支配者になる必要はない。だが、私たちが一つずつの生物種に目を向けていけば、改善すべき点が見えてくるはずだ。サートレイ氏の本とプロジェクトはそこを目指している。

生物の多様性を守ることは、私たちが自身を救うことにつながる。私たち人間も、サートレイ氏の写真の動物たちも、みんな同じ箱舟（はこぶね）に乗り合わせた仲間なのだ。

左ページ：**ボルネオオランウータンの子供**(*Pongo pygmaeus*) CRと、
育ての母である、スマトラオランウータンとボルネオオランウータンの交配種(*Pongo pygmaeus × abelii*)

アンティルマナティー *(Trichechus manatus manatus)* EN

カリフォルニアアシカ(*Zalophus californianus*) LC

ブラジルニジボア(*Epicrates cenchria*) NE

地球に生きる仲間たち

ダグラス・H・チャドウィック

渦巻銀河の片隅に位置し、太陽までの距離は約1億5000万キロメートル、ほどよい速度で回転し、暑すぎず寒すぎず、茶色と緑と海の青で彩られた球体。それが世界中の生物が暮らす地球だ。大きさも姿も色も異なる無数のものたちが、鼓動を刻み、這い、芽を出し、泳ぎ、駆け回り、発光し、群れを作り、変異し、空を飛び、脱皮し、子を産み、枝を伸ばし、別の地に移り住み、パートナーを見つけ、花開く。彼らの存在が、どろどろに融けた中身を固い外殻が覆う鉱物の塊にすぎない地球を豊饒の地に変える。生物は地球の大気に酸素を供給する。私たち人間を出現させ、栄養を与え、心を燃え立たせる。あらゆる生物種はみな、この地球上で生き延びるための知恵を体現している。地球が生きた惑星として存在しているのは、彼らがいるおかげだ。

同じような世界が宇宙のどこかにもある可能性は否定できない。しかし、そこにエンゼルフィッシュやラーテルがいるかどうかは疑問だ。高い草陰から突然姿を現すトラや、このような本を読む二足歩行の霊長類がいる可能性も低いだろう。地球と似たような惑星には、どんな生物がいるとあなたは想像するだろう。大きな頭に触手を生やし、気分によって体の色を変えるにょろにょろした生物や、同じ姿をした個体の集合があたかも1匹のように行動する生物、雪の結晶のように幾何学的な形のゼリー状の生物。実は、私たちの母なる地球には、すでにこのような生物がいる。太平洋に生息する巨大なミズダコ、集団で行動する社会性昆虫、ウニの幼生などがそうだ。これらはすべての動物たちのごく一部に過ぎない。地球上には生態が謎に包まれている生物も、まだ発見されていない生物も多数いる。私たちの想像を超えた生物を探すために、ロケットを打ち上げる必要はない。

地球にいる生物種の数を専門家たちに尋ねると、下は数百万から上は1億以上という答えが返ってくるだろう。この差は、肉眼で見えないほど小さく、発見しづらい生物種が非常に多いために生じる。さまざまな原虫や菌類、細菌、古細菌などが、あなたの庭の地面に埋まり、地中深い岩層に隠れ住み、光の届かない寒い海溝に密集し、熱帯雨林の木の上に潜み、成層圏の大気中を漂っている。何十兆個もの細胞からなる人間の体にも、同程度かそれ以上の数の微生物がいる。これらの微生物は数千もの異なる種に分類され、多くは私たちの消化や健康維持にとって欠かせない。自分は自然の一部と感じていないかもしれないが、人間はナノサイズの野生生物の集団がぎっしりと暮らす、歩く生態系そのものなのだ。

地球上には30万種前後の植物が存在するが、命名され、分類されているのは全体の3分の2あまりだ。一方、動物は120万種が発見されているが、この数は氷山の一角に過ぎないと考えられている。現在までに発見された動物の95％以上は無脊椎動物で、そのほとんどは昆虫だ。

脊椎動物は、魚がおよそ3万種、両生類6000種、爬虫類8250種、鳥類1万種、哺乳類5420種とい

左ページ：**インドサイの親子** *(Rhinoceros unicornis)* VU

われ、すべてを足しても6万種に満たない。それに対し、甲虫は35万種も確認されている。このように、脊椎動物は地球上で暮らす生物種のほんの一部なのだが、私たちには脊椎動物こそが主役のように映る。それは、身体的特徴や行動パターンが人間と似ているからだろう。人間の遺伝子の70%以上は魚と同じで、80%以上がオオカミや野生のラクダと同じだ。これらの背骨を持つ動物は私たちの親戚であり、広い意味では一つの家族、ひいては私たちの分身ともいえる。未曾有の激しい変化が起こっている今の時代、私たち自身の行く末も心配だが、私はこれらの生物の未来にも不安を感じる。

私はかつて、米国人とアカ族で構成された少人数の探検隊とともに、アフリカ奥地の低地熱帯原生林を数週間徒歩で旅したことがある。その地は私たちを丸ごと受け入れてくれた。どこを見ても巨大な板根が果てしなく並んでそびえ立ち、林冠にさえぎられて空はまったく見えない。下層には枝葉が密集し、表面は地衣類やコケで覆われていた。いたるところにクモやハエ、甲虫、アリなどの、おそらく名前もつけられていないだろう生物がたくさんいた。さらに奥に進むと、葉の陰から巨大な動物が姿を見せた。ここで遭遇したマルミミゾウがアフリカゾウ（サバンナゾウ）と別種であることがやっと判明したのは2010年だ。絡み合った葉の間からはアカスイギュウ、レイヨウの亜種ボンゴ、それより小型のレイヨウの亜種ダイカー、体は小さいが牙(きば)を持つミズマメジカ、ニシアフリカコビトワニ、ライノセラスアダー、ヒョウ、ヤマアラシ、ツメナシカワウソなど、数々の動物が姿を現した。広大なコンゴ盆地にあっては、こうしたサイズの野生動物でさえ、全種を網羅したリストを作り上げることは夢のまた夢だった。

人間の居住地から離れた奥地まで踏み入ると、そこには私たち人間のさまざまな親戚がいた。頭上では11種類のサルが枝を揺らし、葉がこすれ合う音が聞こえた。人間と遺伝子の少なくとも96%が同じゴリラとチンパンジーとは、地表で顔を合わせた。おそらく私たちは、彼らが初めて目にしたホモ・サピエンスにちがいない。特にチンパンジーは長時間立ち止まって私たちを見つめていたことが印象深い。彼らは好奇心で目を輝かせ、こらえきれないようにじりじりと私たちに近づいてきた。

その数年後、私は海洋生物学者たちと、隔絶された亜南極諸島にあるオークランド諸島に船で向かった。高地は新雪で真っ白だったが、海岸近くは木が密生し、枝にアオハシインコやキガシラアオハシインコがとまっていた。低地はオークランド諸島固有の草で覆われ、茂みからは、親鳥を待つシロアホウドリのヒナが顔を出した。親鳥は翼を広げると3メートルもあり、滑空しながら遠くの海でエサの魚を探す。島には大型の肉食動物がいないため、ニュージーランドアシカが陸に上がり、でこぼこの地面を海沿いのコロニーまで前あしを使って腹ばいで移動していた。湾内では希少なキガシラペンギンが泳ぎ、その上空ではミズナギドリが気流に乗っていた。

ここではジャングルと同じように生命の息吹が感じられた。穏やかな海から、大波が砕けるような音が聞こえてくる。巨大なミナミセミクジラが呼吸をする音だ。冬が来ると、ミナミセミクジラは何百頭もの群れで南極からオークランド諸島に回遊してくる。群れで行動する彼らは、跳ね、体を回転させ、丸みをおびた大きなヒレを水面に打ちつけ、クジラ同士にしかわからない歌を力強く歌う。コンゴで出会った類人猿と同じく、クジラも私たちが乗った小舟に頻繁に近づき、私たちと同様に好奇心を見せた。私が海に潜ると、すぐに3頭のクジラが近づいてきた。先頭のクジラは、手が届くほど近くを通りすぎ、私を点検するかのように目が上下に動いた。次に、クジラは自分の腹を私の頭にのせてきた。この生きた潜水艦は成長すれば80トンにもなるが、水中ではほとんど重さは感じなかった。彼らの口は貨物倉ほど大きいが、幸いにも彼らのエサは海水からこし取った小さな甲殻類なので、私に危険はなかった。

これらの地にいると、今以上に生物が豊富だった時代にタイムスリップしたような感覚を味わう。だが現実には今、私たちは「人新世」の幕開けを迎えている。人新世とは、ホモ・サピエンスというたった1種の生物の活動が、地質的変化を伴うほど大きく惑星全体の環境を作り変えている時代につけられた、新しい地質年代の名称で、これを支持する科学者が増えてきている。

ドイツの生物学者エルンスト・ヘッケルが「生態系」という新しい言葉を生み出した1866年、世界の人口はおよそ13億人だった。地球環境を考えるアースデイが初めて祝われた1970年には37億人までふくれあがり、この時点で生物圏の健全性を維持するには人間が多すぎるという警告の声が多数上がった。それから50年もたたないうちに人口は倍の75億人になり、結果として、人間以外の生き物たちの生息場所も資源も余裕がなくなっている。手つかずのまま残されている生息環境でさえ、野生動物の違法取引や、売肉を行うハンターたちに脅かされている。

世界の人口が倍増した1970年から2012年の間に、私たちと地球を共有していた大型の野生動物の個体数は半減した。生物資源の量を数値化した「生物量」という指標で見ると、現在、陸上の脊椎動物の生物量の90%以上は人間と家畜で占められている。野生の哺乳類では大型のものほどリスクが高まる。体重15キロ以上の肉食動物の59%、100キロ以上の草食動物の60%が現在、レッドリストに名を連ねている。絶滅の危険性がある生物種の数は年々増加している。絶滅する生物も後を絶たない。温室効果ガスの濃度は記録を更新し、気候変動が加速し、野生動物たちは上昇する気温に順応しようともがき苦しむ。大量の二酸化炭素が海に溶け込むために起こる海洋酸性化の影響も加わる。工業用の有毒物質や農薬の使用量が増えて河川や海の汚染が進む……。

このあたりでやめておこう。30億年か40億年前に生命が誕生して以来、さまざまな生物が現れては絶滅していった。絶滅は今になって始まった現象ではないが、問題なのは、なぜ今、この人新世の時代に、化石から算出された過去の平均値の千倍もの速いペースで絶滅が起こっているのかという点だ。このままでは、地球全体の生物種の3分の1、両生類など一部の分類群の種は半分が、今世紀の終わりまでに姿を消すおそれがある。

犠牲となって消える生物の中には、私たちが知らない生物も何百万種といるにちがいない。奇跡的な大転換が起こらない限り、被害は私たちがよく知る哺乳類をはじめ、数千、数万種の脊椎動物にもおよぶ。美しいもの、格好いいもの、力のあるもの、穏やかなもの、どれを失っても私たちはさびしい。

とはいえ、知らない生き物には愛着を感じにくいだろう。だからこそ私は、多くの人々が動物に出会い、先入観なくその姿をしっかりと見つめる機会を持ち、理解してほしいと願ってきた。そうすれば、動物たちの色や姿、生き残るための完璧な造作に目を奪われ、夢中になるだろう。そして、あらゆる動物からあふれる生命のきらめきを目撃するにちがいない。野生動物の目をのぞき込むと、相手からも視線が返ってきて、共通した意識を感じることができる。もし、そのように動物たちと向き合えば、多くの動物を救うために何でもしようと思うはずだ。私は心からそれを信じている。そして、ジョエル・サートレイも同じ信念を持っているのだ。

サートレイは米国中西部の新聞社で報道写真家として働いていたが、その後ナショナル ジオグラフィック協会の写真家として長く活動してきた。次第に彼は自然をテーマにした写真を数多く手がけるようになった。彼が撮影した人間の写真にはオリジナリティと訴求力があり、それは被写体が動物に変わっても十分に発揮された。だが、人新世を迎えた今、野生動物についての物語を追求するには、消えようとしている動物に正面から向かい合う必要がある。

子供時代にサートレイは、絶滅したリョコウバトの最後の1羽だったマーサの写真を見て、深く心を動かされたことがある。シンシナティ動物園で飼育されていたマーサは、1914年に29歳で死んだ。かつて何十億羽も北米の空を飛んでいたリョコウバトの歴史にピリオドが打たれたのだ。4年後、同じ檻(おり)の中で今度はカロライナインコの最後の1羽が死んだ。また一つのピリオド。それから80年後、サートレイはコロンビア盆地個体群のピグミーウサギや中米のパナマヒダアシキノボリガエルなど、消え去ろうとしている動物たちの写真を撮りながら考えていた。どんな写真を撮れば、かつての自分のように、どこかの子供が不思議そうに繰り返し写真を眺めて、「この動物に何があったの？　どうしていなくなっちゃったの？」と母親に尋ねてくれるだろうか。

「動物たちにむざむざと消えてほしくない」とサー

トレイは私に話したことがある。「失望ではなく、腹が立つんだ。いくつかの種は私が最後の目撃者の一人になってしまった。だからより多くの人たちに彼らの姿だけでも知ってほしい。まだ地球上で生きている多くの生き物たちも見てほしい」。やがて彼の頭の中で構想が形になり始めた。1匹ずつ、2匹ずつ、あるいは集団の写真を美しく並べれば、私たちが受け継ぐ生きた惑星の豊かさとすばらしさを表現できるのではないか。まずは見てほしい。創造の神秘に出会えるはずだ。これを私たちは失おうとしている。

生物種は実に多いが、消えようとしている種もまた多い。世界中の生物種を、それぞれの核心をとらえながら撮影するには、彼に与えられた時間は十分とはいえない。野生の動物、特に臆病な動物やめずらしい動物の魅力的な写真を1枚撮るだけでも非常に時間がかかることを彼は経験的に知っていた。野生ではすでに絶滅した種もいる。彼が選んだ方法は、飼育中の動物たちを撮影することだった。

被写体を飼育動物としたため、サートレイは色を統一した背景と照明によって、動物の姿を細部までくっきりと浮かび上がらせることができた。背景に余計なものがないおかげで、人々の目は動物に集中する。さらに、大きくて強い動物もおとなしい動物も、写真では同じくらいの大きさに撮影し、等しい力を持つ存在として表現した。これは、生態系ではそれぞれの生物の役割が等しく重要であるという事実を反映している。例えば、ゾウは生息地である熱帯雨林を作るといわれる。生い茂った草木を歩きながら踏みつけ、木の皮や枝を食べて木を枯らし、空き地を作る。さまざまな果実を食べて種子を遠くまで運び、栄養たっぷりの肥料まで排泄する。こうしてゾウは森の植物のすばらしい多様性の維持に貢献している。だが、森に暮らすオオコウモリやアリの集団も森の作り手であり、ゾウと同様に重要な役割を担っているのだ。例えば花を咲かせた植物の受粉を助け、ちっぽけな種子を無数の隙間に運び込む。

サートレイは野生動物保護の専門家や個人が保護している動物も撮影したが、それ以外は毎年平均およそ1億7500万人が訪れる施設の力を借りることにした。動物園だ。世界には動物園が1万以上あり、人々が興味を示しそうな動物がそろっている。めずらしい動物も数多くいる。しかし、動物園の内実はさまざまで、観光客がはるばる足を運ぶ大きい動物園から、犬小屋程度のものまで玉石混交の状態だ。サートレイは米国動物園水族館協会（AZA）または世界動物園水族館協会（WAZA）に加盟している施設にターゲットを絞った。加盟施設はすべて協会の飼育基準に従い、飼育動物に配慮しながら運営している。さらにAZAの加盟団体の多くは野生での絶滅種も飼育し、人工繁殖によって野生に戻す試みも行っている。また、さまざまな国の多数の動物園が、野生動物の研究・保護プロジェクトに財政的支援を行っている。野生で個体数が減少している特別な動物を展示して、来園者の共感と寄付を募る動物園もある。

すべての動物園にいる動物の種を合計すると1万2000種以上にもなる（この数字は統計によって異なる）。亜種なども含めれば、総数は1万8000近くにのぼるだろう。サートレイは絶滅のおそれがある1000種以上を含め、できる限り多くの動物を写真で記録したいと思っていた。フォト・アーク・プロジェクトに十数年の歳月を捧げ、50代半ばにさしかかり、6000種以上の動物を撮影してきたが、「年をとり、重いカメラ機材を抱えて世界中を巡ることがむずかしくなる前に」少なくともあと5000～6000種をフォト・アークに加えたいと考えている。「私の計算では、この仕事だけに集中したとしても、プロジェクトが終わるまで25年もかかる。だが、危機にさらされる世界中の動物たちに対して自分がするべきことがわかった以上、動き出さずにはいられなかった」

私はナショナル ジオグラフィック誌の仕事で何回か彼と組み、米国の絶滅危惧種に関する本を同協会から一緒に出したこともある。だから、彼がどれほど写真に力を注いできたかがわかる。一方で、彼が一体どんな魔法を使って、単なる写真を超えた作品に仕上げているのかいまだに皆目見当がつかない。わずか数ミリ秒で、動物の性格や特別な能力や感情の奥行きといった、おそらく意識の本質が現れる瞬間を感じ取っているようだ。パチリ。そうして撮られた写真は、月並みな動物写真にはない、撮影者と被写体の間の生き生きとした交流を映し出している。

ペットや近くの木の枝にとまった鳥と心が通い合った感動の瞬間を、誰もが経験しているにちがいない。サートレイはさまざまな被写体を相手にそんな瞬間を切り取り、後の時代に残すための写真に収めた。それがフォト・アーク——写真版ノアの箱舟だ。1枚1枚に生命の躍動が込められ、哀愁とユーモアも漂う。見る者と見られる者の間には常に問いかけがあり、驚きもある。私は野生動物を研究する生物学者で、パスポートには世界中の国の入国スタンプが押されているが、本書では私が存在すら知らなかったすばらしい生物も紹介されている。その中には、リョコウバトのマーサのように、未来の世代が写真でしか知ることのできないものがいるかもしれない。だが、この写真版ノアの箱舟は、肉と血を持つ、命ある動物が乗り合わせた船なのだ。無名の生物も引き上げ、人々の無関心から救い出すためにフォト・アークは生まれた。フォト・アークは一つのシンボルでもある。もし現代の文明社会が均衡を取り戻し、洪水がおさまれば、私たちが守り抜いた動物たちは、いつの日にか本来の豊かな自然の生態系をよみがえらせるだろうという希望が込められている。

現在、サイの仲間は5種いるが、すべて深刻な状況にある。スマトラサイの個体数は現在100頭に満たない。ジャワサイは多くても50～60頭と考えられる。鎧（よろい）のような皮膚に覆われた巨体は、遠い祖先から受け継がれてきたものだが、今の時代にはそぐわないようだ。サイの系統は、哺乳類の時代が始まったころに現れ、現代の密猟者たちの銃弾には負けたが、生息地の環境には完全に順応し数千万年も続いてきた。この事実は、守れるものはすべて絶滅から守ろうという私たちの決意を新たにさせる。

「どうしてわざわざ〜を守らなければならないんだ」「〜が何の役に立つというのか」という声を聞く。答えの一つとして、生物多様性を挙げよう。生物多様性とは、地域に多様な種がそろい、それぞれが活動し、互いに影響を及ぼしあって豊かであることをいい、生物多様性が幅広いほど生態系の回復力が高まる。もしも激しい嵐、干ばつ、山火事、害虫の大量発生や伝染病の流行など短期的な災害が起こっても、生態系の回復が早いのだ。多様な生物が共存する複雑な生態系は、長期的に見るとかなり安定している。種が絶滅して生態系が貧弱になれば、均衡が崩れ、豊かさが失われ、さらに弱体化を招くことになる。

地域、国、世界、どの規模においても、生物多様性が大幅に低下した自然を、未来に引き継ぎたくない。残念ながら、このような生態学的な概念は一般に理解されにくく、理屈よりも社会通念のほうがまかり通る傾向がある。保護活動家は「なぜ生物を守る必要があるのか」という質問をいつも受けるが、それにはこう答えるのが手っ取り早い。「どの生物種からがんの治療薬が生まれるか、わからないからですよ」。数十年前、この話は夢物語とされていた。だが、研究が進み、がん治療につながる生物がいくつか発見されている。その一つがタイヘイヨウイチイという針葉樹で、この木から採れる化学物質は乳がん、肺がんなどに高い効果を発揮する。マダガスカル原産の亜低木ニチニチソウは、白血病やホジキンリンパ腫の寛解率を上げるアルカロイドを含んでいる。

植物より圧倒的に種類が多い動物でも、企業による生物資源調査が世界的に増えており、サソリ、ウミウシ、海綿、毒を持つイモガイなどから医薬品として使えそうな化合物が見つかっている。生物多様性はすでに人間の命を救っている。多様な生物を維持することを目指せば、生物多様性は私たちの生活を向上させ、寿命を延ばしてくれるはずだ。

一部の哺乳類、爬虫類、両生類、昆虫類、甲殻類、軟体動物は、冬または夏の数カ月間を休眠状態で過ごす。腎臓病、肝臓病、代謝障害などの治療薬を探す生理学者や、宇宙飛行士の人工冬眠を研究する科学者たちは、これらの生物の秘密を知りたいと考えている。産業分野では、動物から着想を得て新しい接着剤や構造材が開発された。ほかにも、気流や海流の乱れの影響や抗力を軽減する飛行機の翼や船のデザイン、梱包技術、光学フィルター、効率的な都市交通システム（アリの巣から考えられた）など、動物をヒントに生まれたものは多い。

数百万種におよぶ地球の生物のDNAの中には、長い時間をかけて確立されてきた分子レベルの情報が記録されている。将来全人類が頼ることになるであろう情報の宝庫だ。遺伝子工学の進歩も未来の可能性を広げている。それなのに、地質年代の長さと比べればほんの一瞬の間に多くの生物種を絶滅させることは、自然が持つ遺伝子のコレクションをろくに内容を確かめもせずに捨てる行為に等しい。捨てた情報は永遠に戻ってこない。これは目先の利益の問題ではない。核兵器の発射ボタンを押すことを別にすれば、知恵を誇りとする動物の行いの中で、最も愚かしい行為である。

だが、動物を生息地から離してまで守ることに問題はないのか。保護活動に取り組む動機は人それぞれだが、重要なのは、20世紀後半から数十年間にわたって活動が続けられてきたことだ。数例を挙げれば、北米ではアメリカシロヅルやバイソン、クロアシイタチ、アメリカアリゲーターが、南アフリカではチーターが絶滅の危機から救い出され、中国では減り続けていたパンダの個体数が増加に転じた。

長い年月のうちに、ほとんどの国で国立公園や自然保護区が整備された。次に目指すことは、保護地域の間に国境を越えた移動地帯を設け、保護地域同士を結ぶことだ。それによって保護動物の集団が自由に行き来すれば、これまで何千年もの時間をかけて行われてきたように、広い地域で個体と遺伝子が入り混じり、局地的な環境の悪化や、孤立した場所での近親交配による影響をはるかに受けにくくなる。

急増する人口問題も含め、現代のような状況はかつて誰も経験したことがない。だが、私たちには改善する力がある。ちょっとした後押しが必要なとき、私は生態系が突然崩壊するとは考えずに、数字には表れないくらいゆっくり蝕まれていると思うことにしている。そして、ささやかな美しさ、小さな奇跡、心が震える瞬間、胸の高鳴り、感動的な力強さや躍動のきらめき、求愛のダンス、激しい戦い、ハヤブサの急降下、海からジャンプするイルカ、尾羽のアピール、小鳥たちの朝のさえずり……それらを失ったとき、私たちの心にどんな影響がやってくるかを想像する。

それらを失ったら、私たちは生き延びることができるだろうか？　少しなら大丈夫だろう。問題は、生き残った私たちがどんなものになるのか、ということだ。私たちが人間であることの意味を理解するには、動物たちが必要だ。遠い過去から人類を形作ってきた生き物たちと一緒にいてこそ、人間は自分たちがどこからやってきて、一体何者なのかを理解することができる。どちらを向いても目に入るのは自分たちばかりという状態になったら、私たちはどこへ向かうのだろう？　だが、動物たちはまだここにいる。少なくとも、今のところは。

驚くような特徴を持ち、美しく、個性的で、奇妙でありながら生きているものたちのどれほど多くが、私たちの目の前で姿を消そうとしているのだろうか。数千種、あるいは数百万種かもしれない。だが、奇跡をあきらめなければならない理由は一つもない。人類に与えられた最も大切な贈り物は生命の豊かさであり、宇宙の中で母なる地球を特別な存在にしているのも地球上の生命だ。とにかく見てほしい。

右ページ：**メガネケワタガモの雄**（手前）**と雌**（奥）*(Somateria fischeri)* LC

左ページ：**マンドリル**(*Mandrillus sphinx*) VU
シロヘリミドリツノカナブン(*Dicronorrhina derbyana*) NE

HONORE
PRINCIPIS APOST PAVLVS V

バチカンのサン・ピエトロ
これは、同

フォト
国連本部ヒ
これらの企画は、
よりよく知っ

箱舟（はこぶね）を作る

ジョエル・サートレイ

フォト・アークについて語るには、私の妻であるキャシーが乳がんと診断された日までさかのぼらねばならない。まるで遠い昔のことのような気がする。

診断が下された日は2005年の感謝祭前日だった。突然、感謝すべきものがすべて取り上げられたような気がした。私は妻の死を恐れた。3人の子供たちはまだ幼く、一番下は2歳だった。私がシングルファーザーになれば、家庭が目も当てられない状態になることは明白だった。それに、妻がいなければ私は仕事に出かけられず、家族が路頭に迷うことになる。

これまで25年以上にわたり、私は写真家としてナショナル ジオグラフィック誌に関わってきた。仕事でアラスカのツンドラ地帯から南極氷床、ボリビアの熱帯雨林に赤道ギニアの黒砂の海岸まで世界中を飛び回り、そのたびに数週間から数カ月間家を空けていた。旅先のあちこちで、私たち人間の活動が地球の気候と土地を大きく変化させ、さまざまな生き物が窮地に立たされているという事実を私は知った。私が撮りたい動物たちはどんどん希少になり、絶滅寸前の種もあった。

多忙な日々の中で、私は腰を落ち着けて何かを考える時間を持つことはなかった。だが妻が病を得て、私は家族のそばにいなければならなくなった。つまり時間ができたわけだ。キャシーの治療中、死について私はよく考えた。妻にも自分にもいずれは死が訪れる。もし妻が快方に向かっても、私たちの人生はすでに半ばを過ぎている。私はこれまで一生懸命に仕事をしてきたが、それには本当に意味があったのだろうか？　もし私がなんらかの行動を起こしていたら、今ごろはその成果が出ていたにちがいない。どのように保護活動を進めれば、状況を変えることができるだろう？　何をすれば、社会に関心を持ってもらえるのだろうか？

私の頭に浮かんだのは、葬り去られようとしていたネイティブアメリカンの文化を写真で記録したエドワード・カーティスや、絶滅した鳥類の美しい画集を描き残したジョン・ジェームズ・オーデュボンだった。そして、私も何かすれば、愛する動物たちのことを人々にも知ってもらえるかもしれないと思いついた。

まず、私は米国ネブラスカ州の自宅から1.5キロほどのリンカーン・チルドレンズ動物園に電話をかけて、飼育動物の撮影を申し込んだ。被写体にはおとなしい動物をと希望し、最初はハダカデバネズミを撮ることになった。ハダカデバネズミは体毛がほとんどない小型のげっ歯類で、アフリカ東部の乾燥した地域に生息する。私たちはこの生き物を動物園のキッチンにあった白いまな板の上に載せて、撮影を開始した。これがプロジェクトの始まりだった。

それから10年以上が過ぎた。キャシーは元気に暮らしている。私の子育ても予想よりひどくはなく、生活費もまかなえている。ここまでの道のりは平坦ではなかったが、私たちを襲った嵐は光明ももたらした。私たちは日々感謝することを学び、私は写

左ページ：**ノドチャミユビナマケモノ**(*Bradypus variegatus*) LC

真で世界をどう変えられるかを真剣に考えるようになった。

ここまでがフォト・アークが誕生するまでの私自身の物語だ。だが同時に、世界ではより深刻な物語が進んでいる。フォト・アークは、世界の生物多様性の喪失を食い止めたい、少なくともその進行を遅らせたいという願いから生まれた。生息地の破壊、気候変動、環境汚染、密猟、資源の過剰消費などによって、世界中で多くの動植物が絶滅に追いやられている。大量絶滅は地球の歴史の中で過去にも起こっているが、現在の状況はそれとは大きくちがう。過去の大量絶滅は地球寒冷化や小惑星衝突などの自然現象が原因だったが、現代の絶滅は人間が引き起こした人災だ。この勢いで絶滅が進めば、2100年には地球の全生物種の半数が絶滅する可能性がある。

もはや動かなければならない。この写真集には世界中の動物を集めた。私たちが生きている間に絶滅するかもしれない動物も多数含まれている。動物と、彼らを守る人々との交流を目に見える形で表した作品だ。

写真の説明も加えておこう。本書に収録された写真は、条件をそろえるため、すべてスタジオで撮影した。そうすることで、カメもノウサギも同じ価値があることが伝わり、ネズミのしぐさもホッキョクグマと同じくらい堂々と表現できる。背景は白または黒で統一し、写真に動物以外のものは入れない。それにより、被写体の目をのぞき込んだときに、それぞれの生き物が持つ美しさや優雅さ、知性を理解できるようになる。

世界中のあらゆる生物をスタジオで撮影するには25年はかかる。私の目標は、死ぬまでに世界各地の施設で飼育されている1万2000種あまりの動物をすべて写真に収めることだ。2016年5月、私はシンガポール動物園で6000番目の動物、テングザルの撮影を終えた。大規模なプロジェクトには時間がかかる。フォト・アークに着手してからすでに10年以上が経つが、この先にも同じくらい長い道のりが控えている。

私は自分を動物の代理人、声なきものの代弁者だと考えている。私の写真は、多くの人々を引き込んで世論を動かすための最高の手段だと思う。存在すら知らない相手を守ることはできない。これらの動物の目を見つめ、直面している危機を知れば、人々はもっと彼らのことを気にかけ、状況を変える道を探すだろう。

人間は地球上のあらゆる資源を使い、数百種、数千種もの動物たちを、自分や子の世代のうちに地球上から消し去ろうとしている。その流れを止めることはできるのだろうか？　それはまったくわからない。現時点で私が確信を持って言えることは、もし私たちが行いを改めなければ、未来の世代は、私たちが地球に対して行ってきた行為を心から憎むだろうということだ。

私たちは常に自然に支えられながら生きている。つまり生物を守ることは、私たち自身も守ることになる。健全な森林と海は地球の気候を調整する。気温はもちろん、降雨、台風、竜巻の規模にも影響し、大気中の成分バランスを整える。花粉を運ぶハチやチョウ、ハエなどは食物の生産に欠かせない存在だ。動物はいつも新しいことを教えてくれる。その内容はコミュニケーション（イルカやオウム）、冬眠（ホッキョクジリス）、汚染（淡水に住むイガイ）と多岐にわたる。

守るべきものは人間に都合のよい動物だけではない。生物種はすべて、数千年、数百万年の時を経て生み出された芸術作品であり、どれも個性的でほかに換えられない価値を持つ。どの種も、その生物だけが持つ力で、私たちの世界を豊かにしているのだ。

私たちが生きる今は無限の可能性に満ちているが、事態は急を要する。1人では世界を救えないが、その1人1人が現実を変えられる力を持っている。本書に登場する多くの生物種は守れる可能性がある。しかし、そのためには動物への愛情や資金を持つ人々、あるいはその両方を持つ人々が協力し、深く関わることが求められる。これらの動物の中には少しの心配りで救えるものもいるが、ぎりぎりの状態にあるために守ることがむずかしい種もいる。わずかな努力でもよい。問題を認識することが解決への第一歩だ。

私にはこんな目標がある。人生の終わりになったら、鏡の前に立ち、自分の力で変えてきた現実を思って笑顔になった自分の顔を見たい。私が死んでも、写真は生物を救うというメッセージを日々伝えていくだろう。それが私にとって何よりも重要な使命なのだ。

さあ、あなたはどうするだろう。

IUCNレッドリストの表記規則について

国際自然保護連合（IUCN）は、保全活動に取り組む世界的な団体である。IUCNが発表するレッドリストは、絶滅の恐れがあるあらゆる動植物を集め、危険度を示すカテゴリーに分類している。本書では、生物名と学名、現時点での各カテゴリーを併記している。

EX ： **絶滅種**
EW ： **野生絶滅種**
CR ： **近絶滅種**
EN ： **絶滅危惧種**
VU ： **危急種**
NT ： **近危急種**
LC ： **低危険種**
DD ： **情報不足種**
NE ： **未評価**

編集部注：
本書では特に断りがない限り、カギかっこで囲まれた文章はジョエル・サートレイ本人による。

第1章 ▶◀

Mirrors
合わせ鏡

自然界では、いたるところに鏡がある。鏡は、あらゆる動物の心の奥底までを映し出す。あたりを見回せば、多様性が織りなすさまざまな生物の類似性、つながり、個性が見えてくる。最初の一歩は、鏡に映し出された自分の姿を見ること。他者の中に自分を見出すことが次の一歩だ。共感し、同情し、相手が感じていることを我がことのように感じること。そして最終段階は、偶然でも、状況に流されてでも、生物学的な必要性に迫られてでも構わないから、自分という枠を抜け出して、種と種を結ぶつながりを知ることだ。

本章では、世界中の生き物を合わせ鏡のように並べて紹介する。個性豊かな動物たちが対になった姿は、より理解を深めてくれたり、おかしさで笑わせてくれたりするだろう。

小さなベンガルスローロリスと、もっと小さなトラアシネコメガエルが、大きく目を見開いてこちらを見つめている。カマキリの一種とホッキョクギツネは、よく似た格好で首をかしげている。2羽のフナシセイキチョウは同じようなポーズで枝にとまっている。チンパンジーの得意げな表情は霊長類固有の特徴を反映している。南米に生息するトキイロコンドルのくちばしの上のあざやかなオレンジ色の突起は、スマトラサイの神聖な角を思わせる。バッタやキリギリスをずらりと並べて横から見た姿は、世界各地のエビの仲間を同じように並べた様子とそっくりだ。オーストラリアに生息するミナミザリガニ属の一種とニセハナマオウカマキリは手足を広げて立ち上がっている。攻撃に備えたその構えは、自然が奏でる音楽に合わせて踊っているようだ。ヒゲに羽毛、舌にくちばし。クマネコとも呼ばれ、アジアに生息するビントロングは、アラスカの海鳥シラヒゲウミスズメを鏡に映したようにそっくりだ。

写真の動物たちを眺めていると、いつしか人間のように見えてくる。これらの生き物のポーズや表情からは、人間のような態度や意図がうかがえる。私たちは彼らの目をみつめ、また一つの生物を理解する。こうして鏡のようにフォト・アークの動物同士を結びつければ、多くの点で彼らが互いに似ていること、そして私たち人間に似ていることがわかってくるだろう。

左ページ: **マダガスカルトキ** *(Lophotibis cristata)* **NT**
「トキは撮影中とてもリラックスしていて、普段と変わらない行動を見せてくれることもあった」
35ページ: **ミューレンバーグイシガメ** *(Glyptemys muhlenbergii)* **CR**、**インカサンジャク** *(Cyanocorax yncas)* **LC**

左ページ：**トラアシネコメガエル** (*Phyllomedusa tomopterna*) LC
ベンガルスローロリス (*Nycticebus bengalensis*) VU

マンドリル *(Mandrillus sphinx)* VU

「この若いマンドリルは、赤道ギアナの
野生動物の肉を扱う市場の横で見つかった。
レンズのフィルターに
写りこんだ自分の姿に、
初めて目にするというように反応した」

ハイイロシロアシマウスの一亜種
(Peromyscus polionotus peninsularis) LC

「それぞれ生息する砂地に合わせて進化してきたため、
毛の色と模様が種ごとにちがう。
これは、ヒゲの毛づくろいをしているところだ。
たぶん彼はカメラが苦手で、
自分を落ち着かせようとしたのだろうね」

ヘサキリクガメ*(Astrochelys yniphora)* CR

「あなたは今、世界で最も希少なカメを目にしている。
マダガスカル原産のヘサキリクガメだ。
この4匹は密輸業者から米国政府が押収し、アトランタ動物園に移した。
安全な場所での保護と、しかるべき年齢に達した時点での繁殖が目的だ。
じっくり見れば、トラのように堂々たるカメだとわかるだろう」

カマキリの一種 *(Miomantis caffra)* NE

ホッキョクギツネ(*Vulpes lagopus*) LC

「このホッキョクギツネはまったくじっとしてくれなくて、
やけくそになった私が上げたブタのような叫び声を聞いて立ち止まり、
ひどい音の正体を考えるように首をかしげた。その瞬間を収めたのがこの1枚だ」

メガネフクロウ*(Pulsatrix perspicillata)* LC

「彼は撮影中に居眠りをしていた。
実際に、写真に写っている目は半分閉じかけている」

ブラッザグエノン
(Cercopithecus neglectus) LC

フナシセイキチョウ*(Uraeginthus angolensis)* LC

上段（左から）：**イカリオイデスヒメシジミ**(*Aricia icarioides pheres*) NE（博物館の標本；すでに絶滅したと考えられる）、**ロスチャイルドヤママユの一種**(*Rothschildia lebeau*) NE、**オオネジロフタオチョウ**(*Charaxes varanes*) NE
中段（左から）：**マルバネカラスシジミの一種**(*Eumaeus atala*) NE、**エガーモルフォ（ギナンドロモルフ）**(*Morpho aega*)NE（博物館の標本；雌雄が一つの個体に表れたエガーモルフォ異常体（性的モザイク））、**キアニリスルリツヤタテハ**(*Myscelia cyaniris*) NE
下段（左から）：**キマダラカバイロドクチョウ**(*Heliconius ismenius tilletti*) NE、
エゾスジグロシロチョウ（北米亜種）(*Pieris oleracea*) NE、**トラフアゲハ**(*Papilio glaucus*) NE

上段（左から）：**コモンタイマイ**(*Graphium agamemnon*) NE、
ペレイデスモルフォ(*Morpho peleides*) NE、**ルリツヤタテハ**(*Myscelia ethusa*) NE
中段（左から）：**ミナミシロチョウ**(*Ascia monuste*) NE、**オナシアゲハ**(*Papilio demoleus*) NE、
ウスベニタテハ(*Anartia jatrophae*) NE
下段(左から)：**ヒョウモンドクチョウ（北米亜種）**(*Agraulis vanillae incarnata*) NE、
メガネトリバネアゲハ(*Ornithoptera priamus*) NE、**ミドリタテハ**(*Siproeta stelenes*) NE

「これらの動物の目を見れば、
私たちと彼らはそれほど
大きくちがわないとわかるはずだ」

チンパンジー *(Pan troglodytes)*EN
「動物園の女性飼育員が母親代わりになって育てた
赤ちゃんチンパンジー。抱っこから離れることを嫌がったため、
飼育員が画面に入らないように下半身を抱いた状態で撮影に臨んだ。
すると赤ちゃんは安心したらしく、
カメラに向かって表情をつくる余裕さえみせた」

トキイロコンドル(*Sarcoramphus papa*) LC
右ページ：**スマトラサイ**(*Dicerorhinus sumatrensis*) CR

絶滅の危機と闘う　HEROES

ジャック・ルドロー

湾岸生物研究センター（米国フロリダ州パナセア）

ジャック・ルドローが海と海洋生物を愛するようになったのは、米国ニューヨークのブルックリンで過ごした子供時代のことだ。海に心を強く引かれた彼は、建設中だったニューヨーク水族館に忍び込み、ベルーガなどのさまざまな海洋生物を眺めた。人生の最初にこのような幸運に恵まれたルドローは、ヒトデやイソギンチャクからダイオウグソクムシという甲殻類まで、海の弱者の存在を世に伝え、守り、情報を広めることに人生を捧げてきた。

ルドローと今は亡きアン夫人はともに海洋生物に魅せられ、湾岸生物研究センターを設立した。フロリダ州パナセアにある教育センターには毎年数千人の児童が来場し、メキシコ湾周辺の生態系について学んでいる。「生き物の桟橋（さんばし）」は子供たちが敷網を使って桟橋にいる生物を見られるように工夫され、水槽の中の海の生物に直接さわることができる「移動水族館」の巡回事業にも取り組んでいる。海の生き物に直接触れる体験をすることで、「子供たちに悪い影響を与える」とルドローが冗談めかして言う目標に近づく。「私の活力の源は、ここにやってくる子供たちだ」

ルドローは新種の発見にも貢献し、中でもタコとは愛憎入り乱れる関係を築いてきた。「自分よりもかしこい動物を扱うのはむずかしい」。ハコクラゲの仲間には彼の名を冠したものがいる（*Chiropsella rudloei*）。1960年代にマダガスカルの湿地でルドローが集めた海洋生物の標本がスミソニアン博物館に収蔵されたが、のちにその標本が新種だったことがわかり、ルドローの根気強い湿地保護活動に敬意を表して彼にちなんだ名前がつけられた。

> 墨を吐く、ちくりと刺す、威嚇音を出す、
> すばやく逃げる、泡を出す。
> それが無脊椎動物だ。
> それでも私は彼らすべてを愛す
>
> ――ジャック・ルドロー

自分で作った箱舟の前に立つジャック・ルドロー。
磯に住む小さなカニでいっぱいの箱舟は、彼が亡き妻アンとともに設立した
教育センターの一角に置かれている。
「小さな生き物たちは何より興味深い」と彼は言う。

左ページ：**スナヒトデ属の一種**（*Luidia alternata*）**NE**、**ルソンヒトデ属の一種**（*Echinaster sentus*）**NE**

カムフラージュ ▶◀

「このイカはとても小さかった。親指ほどだったと思う。
それでも白一色を背景にして細部まで眺めると、ヒョウに肩を並べるほど
見事な模様をしていることがわかる」とサートレイは言う。
どちらも体の模様を利用して、アフリカのサバンナや、
光と影がちらつく海底で姿を見られないように身を隠す。
このようなカムフラージュは、敵から身を隠すときや、
こっそりと獲物を探し回るときに役に立つ。

アフリカヒョウ(*Panthera pardus pardus*) VU

ハワイミミイカ *(Euprymna scolopes)* **DD**

フランソワルトン(*Trachypithecus francoisi*) EN

「私たちが生物種を救うとき、
本当に救っているのは
自分たち自身だというのが、
いつわりのない真実だ」

シカアシカワボタン *(Truncilla truncata)* NE

マルメタピオカガエル *(Lepidobatrachus laevis)* LC

「私たちが撮影しようとすると
怒り狂ったネコのようなうなり声をあげ、飼育員にかみつこうとした。
大型のカエルで野球のボールほど大きく、鋭い歯があり、
かまれると血が出ることもある。怒らせたくない相手だ」

ヒワコンゴウインコ*(Ara ambiguus)* **EN**

ミドリコンゴウインコ *(Ara militaris)* VU

ダイオウグソクムシ*(Bathynomus giganteus)* NE

マタコミツオビアルマジロ*(Tolypeutes matacus)* **NT**

ベニイロフラミンゴ(*Phoenicopterus ruber*)LC

「黒いビロードを内側に張りめぐらした小屋に群れをまるごと移動させたら、
鳥たちは仲間以外のものを一切気にしなくなった」

アフリカンロックモニター
(Varanus albigularis ionidesi) **NE**

フクロシマリス
(Dactylopsila trivirgata) LC

ウメボシイソギンチャク科の一種
(Condylactis gigantea) NE

ホオジロカンムリヅルの一亜種
(Balearica regulorum regulorum) EN

ベンガルヤマネコの一亜種*(Prionailurus bengalensis chinensis)* LC

ハクトウワシ(*Haliaeetus leucocephalus*) LC

オクラホマシティ動物園

米国

米国オクラホマ州にあるオクラホマシティ動物園には、メリー・アンという名前のアメリカバイソンがいる。「彼女の撮影は無理だと言われた」とサートレイは語る。「雌のバイソンは言うことをきかず、いばりんぼうで危険だという話だった。痛い目にあいに行くようなものだと」。しかし、おいしそうなクワの葉を小屋の床に置くと、メリー・アンはすんなりとサートレイの希望通りの位置におさまった。

「撮影できたのは、基本に忠実に撮影準備を進めたおかげだ」とサートレイは説明する。バイソンが安心するように、チームは彼女が夜に眠る慣れ親しんだ小屋を撮影場所に選んだ。計画はうまくいった。写真にはバイソンの本質がしっかりととらえられている。「彼女はすてきな子だよ」とサートレイは言う。

メリー・アンは部屋に入ってきて、
ゆっくりと草をはみ、
まっすぐに私を見た。
彼女は終始落ち着いた
様子だった。

アメリカバイソンの堂々とした姿を表現するため、(小屋の入り口の横棒の前で)目線より低い位置から撮影できるように準備を進めるサートレイ。小屋の床に塗られた無害な白の塗料がわずかに見える。

目隠しをかぶせて天井に設置した撮影用の照明とケーブルを指すオクラホマシティ動物園の飼育員。バイソンがおどろかないように撮影機材は上に隠した。

活動的なアメリカバイソンのメリー・アンの撮影は、慣れ親しんだ小屋をスタジオに変身させることがポイントだった。サートレイのチームは必要な照明機材をすべて天井に取り付け、機材がバイソンの視界に入らず、歩き回っても邪魔にならないようにした。メリー・アンは終始おとなしく、サートレイは黒と白の両方の背景で撮影できた。有蹄類でそれができたのはメリー・アンだけだ。

アメリカバイソン(*Bison bison*) NT

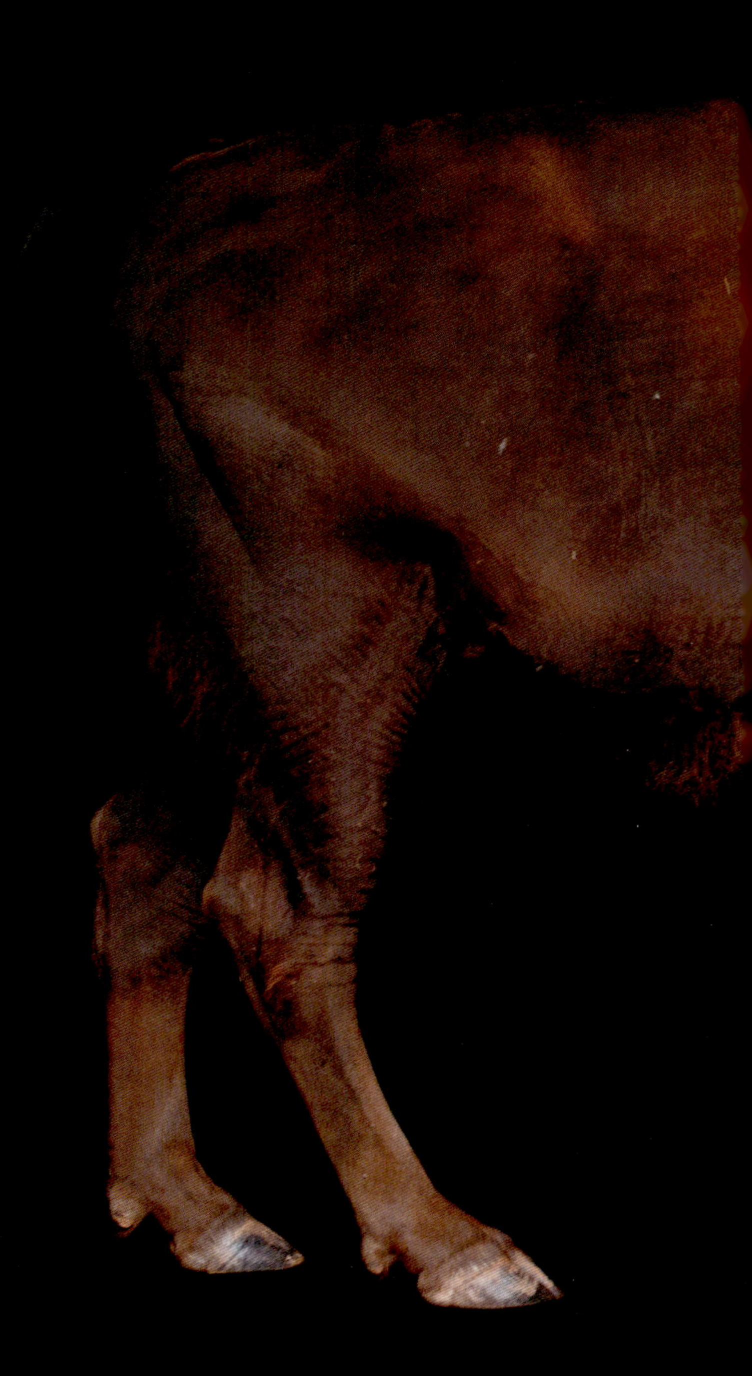

生き残りをかけた擬態▶◀

チョウの羽根の目玉模様とフクロウの目はそっくりだ。
このチョウの目玉模様は、フクロウの目に見せかけて、捕食者を欺くために進化したと考えられている。
フクロウは捕食者を恐れる必要はないが、警戒すべきことはある。
この写真のアメリカワシミミズクは、電線に触れてあやうく感電死しかけたところ、
米国ネブラスカ州ベルビューにある動物保護施設ラプターリカバリーに救われた。
脳に若干の損傷を受けたため、今後も飼育下に置かれることになっている。

メムノンフクロウチョウ(*Caligo memnon*) NE
右ページ：**アメリカワシミミズク**(*Bubo virginianus*) LC

アジアアロワナ(*Scleropages formosus*) EN

アカハラキツネザル *(Eulemur rubriventer)* VU

アオメクロキツネザル(*Eulemur flavifrons*) CR

「キツネザルは、眠るときや寒いとき、
それにこの写真の撮影中のように不安を感じたときに、
体にしっぽを巻きつける習性がある」

上段(左から)：**バッタの一種**(*Dactylotum bicolor*) NE、**バッタの一種** (*Schistocerca obscura*)NE、
バッタの一種(*Melanoplus femurrubrum*) NE
中段(左から)：**トビバッタの一種**(*Schistocerca nitens*) NE、
キリギリスの一種(*Eumegalodon blanchardi*)NE、**イナゴの一種**(*Romalea guttata*) NE
下段(左から)：**キリギリスの一種**(*Pediodectes haldemani*) NE、
クダマキモドキの一種(*Chloroscirtus discocercus*) NE、**バッタの一種**(*Hypochlora alba*) NE

上段(左から)：**スジエビ属の一種**(*Palaemonetes* sp.)、
ヒゲナガモエビ属の一種 (*Lysmata wurdemanni*) NE、**モンハナシャコ**(*Odontodactylus scyllarus*) NE
中段(左から)：**シロボシアカモエビ**(*Lysmata debelius*) NE、**ヤドリイバラモエビ**(*Lebbeus grandimanus*) NE 、
エビジャコ属の一種(*Crangon septemspinosa*) NE
下段(左から)：**ヒメヌマエビ亜科の一種**(*Atya gabonensis*) LC、
コトブキテッポウエビ(*Alpheus randalli*) NE 、**トヤマエビ**(*Pandalus hypsinotus*) NE

イボイノシシ
(Phacochoerus africanus) LC

キノボリセンザンコウの親子*(Phataginus tricuspis)* VU

コビトカバの親子*(Choeropsis liberiensis)* EN

ベトナムコケガエル(*Theloderma corticale*) DD
右ページ：**メキシコキノボリヤマアラシ**(*Sphiggurus mexicanus*) LC

デラクールラングール*(Trachypithecus delacouri)* CR

マレーバク(*Tapirus indicus*) **EN**

スタンディングヒルヤモリの親子(*Phelsuma standingi*) VU

オオクビワコウモリ(*Eptesicus fuscus*) LC

ウンピョウ(*Neofelis nebulosa*) VU

ヘリスジヤシハブ *(Bothriechis lateralis)* LC

ハリモグラ(*Tachyglossus aculeatus*) LC

「ハリモグラは別の惑星からやってきた生き物のように見えるが、
まぎれもない哺乳類だ」

私がこれまで撮影した中で
唯一、頭が２つある動物だ。
甲羅の下で彼らは
何を思うのだろう?

双頭のキバラガメ *(Trachemys scripta scripta)* LC

出身地は別の大陸 ▶◀

アフリカとアジアに生息するサイチョウと、
中南米に生息するオオハシには何の関係もないが、
どちらも曲がった大きなくちばしを持つ。
おそらくは似たような環境に置かれてそれぞれが進化を遂げた結果、
似通った特徴を持つようになる収斂進化と呼ばれる現象だろう。
サイチョウのくちばしの上にある突起は「カスク」と呼ばれ、
人間のつめと同じような物質でできている。

左ページ：**サイチョウの一亜種の雌***(Buceros rhinoceros silvestris)* NT
クロハシヒムネオオハシ*(Ramphastos ariel)* EN

上段(左から)：**ミミナガバンディクート***(Macrotis lagotis)* VU、**アカカンガルー** *(Macropus rufus)* LC
下段(左から)：**トビウサギ***(Pedetes capensis)* LC、**アカキノボリカンガルー** *(Dendrolagus matschiei)* EN

ヨツユビトビネズミ(*Allactaga tetradactyla*) VU

ジャガランディの成獣と幼獣*(Puma yagouaroundi)* LC

ジャイアントパンダ_(Ailuropoda melanoleuca)_ VU

「パンダはのんきな様子で、
実に長い時間をかけてたっぷりのササを食べる。
時間さえあれば丸一日だって撮影をしていられたよ」

ヨウジウオの一種(*Haliichthys taeniophorus*) LC

左ページ：**サハラツノクサリヘビ**(*Cerastes cerastes cerastes*) NE
ミナミジェレヌク(*Litocranius walleri*) NT

キタオポッサムの親子*(Didelphis virginiana)* LC

サートレイはこの親子を自宅のスタジオで撮影した。
「赤ん坊たちは母親から離れようとしなかったけれど、
おかげでいい写真になった。
母親は子供たち全員の世話をしながらの、
写真撮影に耐えてくれた」

ミナミザリガニ属の一種*(Cherax destructor)* VU

このザリガニは「はさみが痛い」、
カマキリは「捕食者をかわすために威嚇の姿勢をとる。
こんな相手を捕まえて食べたいと誰が思うだろう？」というのがサートレイの感想だ。

ニセハナマオウカマキリ(*Idolomantis diabolica*) NE

カラカル(*Caracal caracal*) LC

シルバーマーモセット*(Mico argentatus)* LC

頭はどっち？ ▶◀

同じものが二つ並んでいるわけではない。
ケニアスナボアの頭としっぽだ。
強い力で獲物を絞め殺し、
成長すると体長60cmほどになる。
頭にそっくりなしっぽは、
捕食者を惑わせるために獲得した特徴だろう。

ケニアスナボア(*Eryx colubrinus loveridgei*) NE

ビントロング*(Arctictis binturong)* VU

シラヒゲウミスズメ(*Aethia pygmaea*) LC

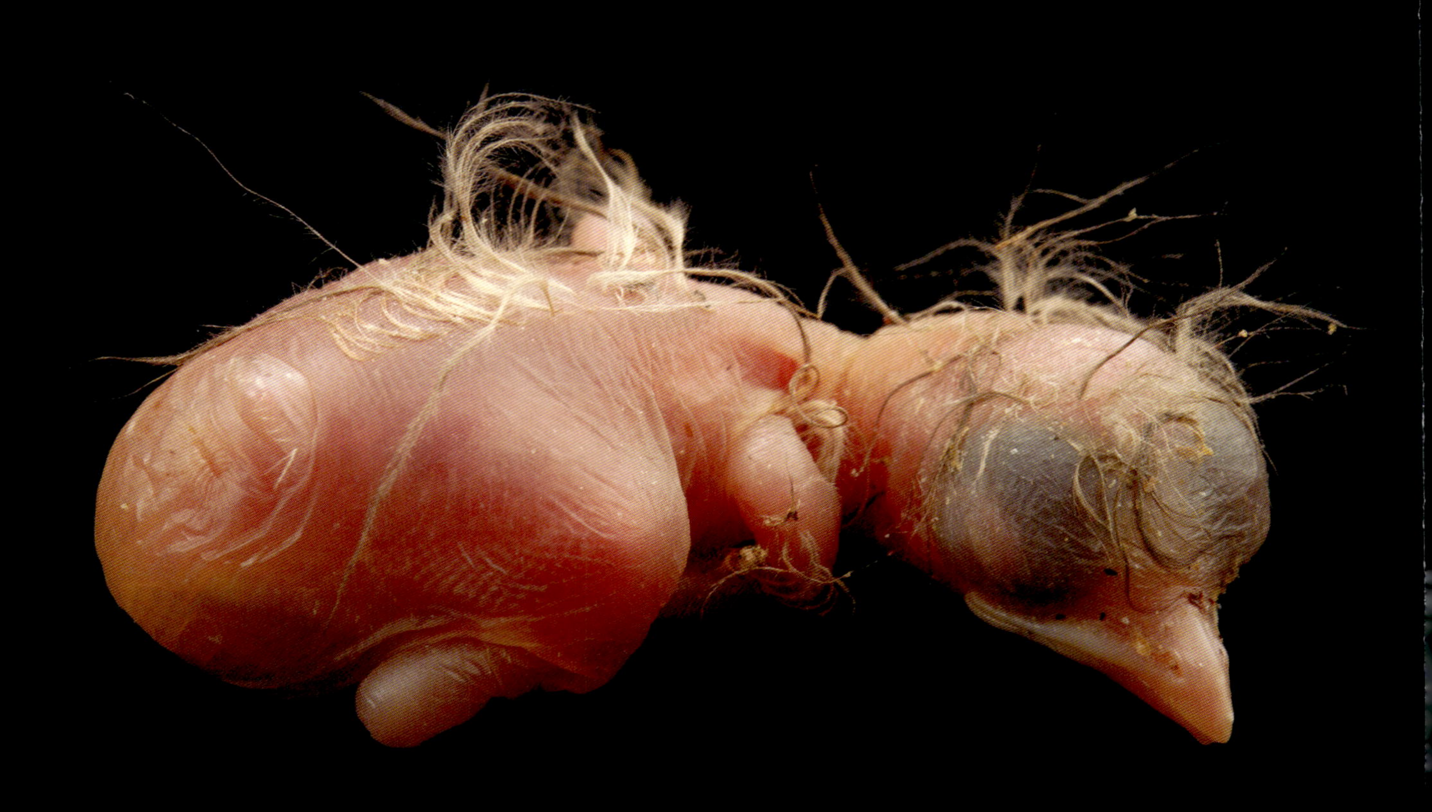

コマツグミの赤ちゃん *(Turdus migratorius)* LC

テキサスドウクツサンショウウオ*(Eurycea rathbuni)* VU

絶滅の危機と闘う　HEROES

J・R・シュートとパット・レイクス　　コンサベーションフィッシャリー（米国テネシー州ノックスビル）

生物学者のパット・レイクスは、テネシー州を流れる夜のアブラムス川で、岩の下に潜むイエローフィンマッドトム*(Noturus flavipinnis)*を発見したとき、「シュノーケルをくわえたまま歓声をあげた」。レイクスはすぐさまコンサベーションフィッシャリーの共同設立者でもある相棒のJ・R・シュートに電話をかけた。10年近くにわたってイエローフィンマッドトムの繁殖に取り組んでいたレイクスは、初めて野生の個体を見つけたのだ。1950年代に進められたマスの生息地再生プロジェクトにより、このアメリカナマズの仲間は絶滅寸前まで追い込まれた。1980年代初頭にリトルテネシー川の支流で発見されるまで、この種は絶滅したと思われていたほどだ。今、この魚は本来の生息地で復活しつつある。「野外で彼らを探す仕事は本当に心が躍った」とシュートは言う。

コンサベーションフィッシャリーは漁獲対象以外の魚の保護に取り組むNGO団体だ。イエローフィンマッドトムは彼らが守る65種の魚のうちの1種にすぎない。同団体は十数種の魚を生息水域に戻す試みも行っている。彼らの目標は、米国南東部の河川の水生生物の多様性を維持することだ。400種以上の淡水魚が生息するこの水域を「水生生物の多様性を育む好環境」とシュートは表現する。

地域の団体と連携して、水生生物の美しさと大切さを伝える活動にも取り組んでいる。参加者は老いも若きもシュノーケルをつけて、近くの川の生き物を間近で観察する。「川に顔をつけてこそ、魚の姿を楽しめる」とシュートは言う。

「ちっぽけな魚が何の役に立つのか」とレイクスはよく質問される。それに答えているうちに、大小を問わず世界中の生き物を救うために人間に何ができるかについて話すようになった。

> 数千年前、数百万年前から
> 生き延びてきた生物はどれも、
> どんな財宝よりもはるかに貴重な存在だ
> ――パット・レイクス

ライトテーブルで作業をする、孵化場のデータマネージャーのメリッサ・ペティ（左）、
J.・R・シュート（中央）、パット・レイクス（右）。
ここは広さ約460平方メートルあるコンサベーションフィッシャリーの施設の中だ。
彼らが一度に扱う魚は25種前後で、
生きたままの魚から遺伝子サンプルを採取するためにこのテーブルが使われる。

左ページ：**ボルダーダーター** *(Etheostoma wapiti)* VU

シロイワヤギ*(Oreamnos americanus)* LC

アルビノのカナダヤマアラシ(*Erethizon dorsatum*) LC

「このヤマアラシの名前はホールジーという。
高速道路で車にはねられて、助けられた場所にちなんだ。
今は元気だけれど、歯の状態がよくないため、野生に帰ることはむずかしい」

ヒガシキングペンギン
(Aptenodytes patagonicus patagonicus) LC

第２章 ▶▶

Partners
パートナー

2匹で手を取り合い、協力し合い、寄り添い合う。動物には、つがいになるという本能を持つものがいる。子孫を増やすために、ほとんどの動物は伴侶を探す。すぐに夫婦関係を解消するものもいるが、生涯にわたって生活をともにする動物もいる。

人間は短期間で終わる関係を持つことも、生涯を1人の相手に捧げることもある。状況によっては兄弟姉妹、親子、親友、恋人などの組み合わせで生活をともにすることもある。同じように自然界にもさまざまなパートナー関係が存在する。そこから生じる対立と調和を通して、すばらしい関係、絆、協調、連帯を見ることができる。本章では2匹で一緒に生きる動物たちを紹介する。

コガタペンギンのふわふわのヒナは、寄り添ってキスをしているように見える。中米のタバサララバーフロッグもいぼだらけの体を寄せ合っている。コバンザメのように共生関係を築くものもいる。小さなコバンザメは、自分より体の大きいサメの体（場合によっては口）にくっついて暮らす。ときには、サメが食べたもののおこぼれにあずかることもあり、サメに害を与えそうな寄生虫を退治する。一対一以外のパートナー関係も存在する。サンゴやアシナガバチ、ハキリアリにはそうした種がいる。彼らにとってのパートナー関係とは群れを意味する。

リカオンのようにどれが誰だか見分けつかないようなパートナーもいるし、互いの姿がまったくちがうのでつがいに見えないパートナーもいる。例えばイワドリだ。頭に羽根を立てた雌は地味な茶色だが、トサカのある雄はあざやかなオレンジ色で装っている。

童謡「ふくろうとこねこ」、慣用句「鳥とハチ」（訳注　生命誕生の秘密、つまり性に関する知識を意味する英語の慣用句）、バンド名「ビートルズ」（ちょっとしたシャレだ）など、私たちはさまざまな動物を組み合わせて表現に使っている。

血のつながったパートナー、精神的なパートナー、環境でつながったパートナーなど様々な形がある。寄り添い合い、協力し合い、手に手を取り合って、私たちは箱舟をつくり、この世界をともに動かしていく。

左ページ：**ダルマインコの雌**（左）**と雄**（右）*(Psittacula alexandri)* **NT**
133ページ：**ニシレッサーパンダ***(Ailurus fulgens fulgens)* **EN**

“ふくろうとこねこ” ▶▶

「このフクロウはとても怒りっぽかった。
一方のジャガーネコは飼い猫のようにおとなしく、
じっと座って私を見つめていた。
この子のようなぶち模様のジャガーネコは、
毛皮を求める人々によって殺されてきた
長い歴史がある。
それこそがジャガーネコの
衰退を招いた一因だ」

左ページ：**シロフクロウ**(*Bubo scandiacus*) LC
ジャガーネコ(*Leopardus tigrinus pardinoides*) VU

ホッキョクジリス *(Spermophilus parryii)* LC

アメリカコアジサシのヒナ*(Sternula antillarum)* LC

キリギリスの一種 *(Amblycorypha oblongifolia)* NE

「普通のキリギリスは緑色だが、
数千個の卵に1個の割合で、ピンクやオレンジ、
黄色などのキリギリスが孵る。
野生でこのような変わり者はネオンサインのように目立って、
あっという間に食べられてしまう。
だが、米国ニューオーリンズ州の
オーデュボン自然研究所の中なら安全だ。
彼らはすくすくと成長し、珍重される。
同研究所が運営するオーデュボン動物園では、
新色のキリギリスを展示するため、
年間で数千個の卵を孵化させている」

言い伝えを科学で検証 ▶▶

何世紀もの間、ナイルワニとナイルチドリは共生関係にあると考えられてきた。
ワニは口の中の食べかすを鳥に食べてもらって、歯をきれいにするという。
だが、研究が進むと、これは単なる言い伝えであることがわかってきた。
ナイルワニとナイルチドリが一緒に水辺にいる姿が見られることがあるが、
日光浴中のワニが付近をうろつくチドリに手を出さないというだけのようだ。

左ページ：**ナイルワニ**(*Crocodylus niloticus*) LC
ナイルチドリ(*Pluvianus aegyptius*) LC

コガタペンギン(*Eudyptula minor*) **LC**

「ふわふわした2匹のヒナはとても仲よし。
活発に動き回ったりせず、
じっと座ったまま互いの毛づくろいをしていた」

タバサララバーフロッグ(*Craugastor tabasarae*) CR

鳥とハチ ▶▶

上段(左から)：**コウカンチョウ**(*Paroaria coronata*) LC、
ツキノワテリムク(*Lamprotornis superbus*)LC
下段(左から)：**ミミジロネコドリ**(*Ailuroedus buccoides*) LC、**キンノジコ**(*Sicalis flaveola*) LC

上段(左から)：**コハナバチの一種***(Agapostemon virescens)* **NE**、
ヒゲナガハナバチの一種*(Tetraloniella* sp.)
下段(左から)：**ハキリバチの一種***(Megachile parallela)***NE**、
セイヨウミツバチ*(Apis mellifera)* **NE**

クチヒゲグエノンの一亜種
(Cercopithecus cephus cephodes) LC

「この2匹は親をなくし、
ガボンの首都リーブルビルで保護され、
野生動物救護活動の専門家の元に持ち込まれた。
とても仲がよくて、怖いときや遊んでいるとき、
眠っているときなど、
頻繁に体を寄せ合っている」

絶滅の危機と闘う HEROES

ドン・バトラーとアン・バトラー

ピーサントヘブン（米国ノースカロライナ州クリントン）

ドンとアンのバトラー夫妻は、ノースカロライナ州クリントンにある9エーカー（約3万6000平方メートル）の土地でキジの仲間の飼育と繁殖に取り組んでいる。彼らの自宅は、キジたちの天国という意味の「ピーサントヘブン」と呼ばれ、絶滅に瀕する18種のキジの仲間の安住の地になっている。「ここは私たちにとっても天国だ」とドンは話す。夫妻はフルタイムの仕事と保護活動を両立させ、特に絶滅寸前だったコサンケイ（*Lophura edwardsi*、353ページ）の活動で成功を収めている。コサンケイは顔と足が赤く、体は暗い青色の小型のキジの仲間で、2000年のベトナム中部を最後に野生での目撃情報はなく、飼育されている個体数も500羽に満たない。

バトラー夫妻がキジと非常に密接だったことが繁殖の突破口になった。夫妻は何年間も繁殖を試みたが、成果は思うようにあがらなかった。そこで繁殖期に雄と雌を1羽ずつ合わせるという常識を捨て、繁殖場所で複数の雄と雌を一緒に過ごさせた。そして新しい季節が訪れるころ、コサンケイたちは50羽のヒナを育てていた。

バトラー夫妻は美しく育った鳥を動物園やほかのブリーダーにも譲り、このやり方を伝えた。「多くのキジはとても臆病で、いい写真を撮るのは大変だった」とサートレイは撮影を振り返る。「私が撮影用のテントに隠れ、レンズだけを覗かせるとみんなは落ち着いた」

「鳥たちが私たちと一緒にいることで安心し、くつろいでいることが本当に幸せ」とアンは話す。ドンは最後に夫妻が共有する思いを口にした。「できることなら、私が生きている限りはこれらの鳥を絶滅させたくはない」

> どんなに小さく、つまらない存在に思えても、
> あらゆる動物が自然の
> 微妙な均衡を保つ役割を担っている
> ――ドン・バトラー

バトラー夫妻が雌のジュケイ(*Tragopan caboti*)の
健康チェックをしているところ。

左ページ：**シマハッカン**(*Lophura diardi*) LC

ブチハイエナ *(Crocuta crocuta)* LC

「ブチハイエナはとてもかしこいうえに気性が激しい。
背景用の白い紙をずたずたにしてしまったんだ」

便乗するヒッチハイカー ▶▶

スズキの仲間であるコバンザメは
頭部の背ビレにある楕円形の吸盤で宿主にくっつく。
相手は主にインド太平洋に生息する写真のサンゴトラザメなどのサメ類だ。
コバンザメは、ヒッチハイクのように移動のため宿主を利用することもあるが、
宿主の口やエラからこぼれ出たエサをもらう場合も多く、
寄生虫を退治して宿主の役に立つものもいる。

サンゴトラザメ*(Atelomycterus marmoratus)* **NT**

コバンザメ(*Echeneis naucrates*) LC

色からわかる性別 ▶▶

オオハナインコは雄と雌で色がまったくちがう。
このような現象を性的二型といい、
インコやオウムの仲間では、
このオオハナインコで特に顕著に現れる。
雄（右）はあざやかな緑色だが、
雌（左）はくっきりした赤色だ。
雄の方が目立つ色をしていることが
多い鳥の世界では、
めずらしい例だと言えよう。

オオハナインコの一亜種の雌（左ページ）**と**
雄 *(Eclectus roratus polychloros)* LC

パンサーカメレオンの雌（上）と雄
(Furcifer pardalis) LC

熱帯地方のサンゴのキクメイシ類とアシナガバチは、
まったくちがう生物なのに、
おどろくほどよく似た構造の巣を作る。

左ページ：**キクメイシ類の一種**(*Montastraea cavernosa*)LC
アシナガバチの一種(*Polistes exclamans*) NE

ゴールデンラングール *(Trachypithecus geei)* EN

「あなたが今、目にしているのは
ゴールデンラングールの
繁殖プログラムに参加する個体だ。
後ろの1匹は雌で、手前は相手の雄。
ほかに雄が2匹飼育されているが、
それでおしまい。全部で4匹しかいない」

左ページ：**カナダオオヤマネコ**(*Lynx canadensis*) LC
ハイイロシロアシマウスの一亜種
(*Peromyscus polionotus allophrys*) LC

オオアリクイの親子 *(Myrmecophaga tridactyla)* VU

ボウシテナガザル *(Hylobates pileatus)* **EN**

「テナガザルの撮影は本当に大変だった。
全然じっとしてくれないから、
どうしても手足がフレームからはみ出てしまうんだ。
彼らは哺乳類の中で一番手足が長い部類に入り、
人間が走るよりも速いスピードで、
文字通り木を駆け上がることもある」

ハキリアリの一種*(Atta texana)* **NE**

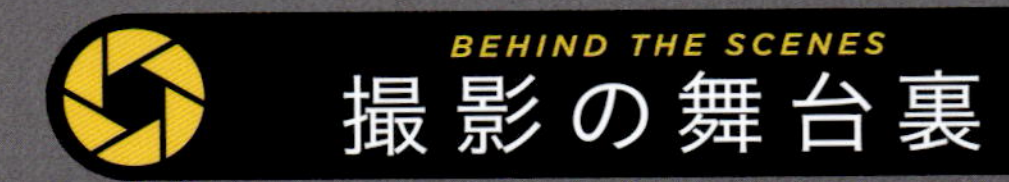

アッサム州立動物園・植物園

インド

80種以上の動物約600匹を飼育するアッサム州立動物園は、インドの都市グワーハーティーの北東部に位置する。暑さと人混みを避けるため、サートレイは早朝から撮影を始めた。最大の問題は屋外撮影での照明だったが、動物園の電気技師たち(右ページの上の写真)はすばらしく有能で、必要な場所にどこでも電線を引っ張ってきた。撮影3日目、電圧の不具合で照明が故障した。そこで、撮影を手伝っていたドゥルバ・ダッタが解決策を編み出した。名付けてモノライト。それまでは電源を1カ所から引いていたが、モノライトは複数の照明ごとに専用のポータブル電源を用意した。

これほど大規模な撮影だと、
うんざりすることもある。移動、
長時間の作業、
設置と解体……
考えるだけでも疲れる

涼しい早朝から、サートレイは霊長類展示室で写真撮影を行った。撮影は場所を変えて続き、日も暮れてくると屋外用の照明を用意しなければならなくなった。最初は動物園のそばの道路に並ぶ電柱から電気を引いていたが、電圧の異常によって照明が故障し、その後は撮影助手のドゥルバ・ダッタが用意した照明を使った。「機材が故障したのは、これ以上ない幸運だったよ」とサートレイ。「それ以降は制約がなくなったんだ。撮影が終わってから、モノライトをワンセット持ち帰ったほどだ」

サートレイの撮影のため、この電気技師たちは電柱にはしごをかけて上までのぼり、むき出しにした電線の先を高圧線に向かって投げて、そこから直接電気を引いた。「彼らはばかでかい電線の束を抱えて現れた。束にはさまざまな種類の電線がそろい、電気を使えるようにしてくれた」。

ヘビの展示室での撮影現場に集まってきた来園客たち。撮影用テントの内側にいる1匹のトカゲはおびえることもなく、おとなしくしていた。ドゥルバ・ダッタ（群衆の一番前に立っている白いシャツの男性）は、見物人が近づきすぎないように制している。

ヒマラヤハゲワシ(*Gyps himalayensis*) NT

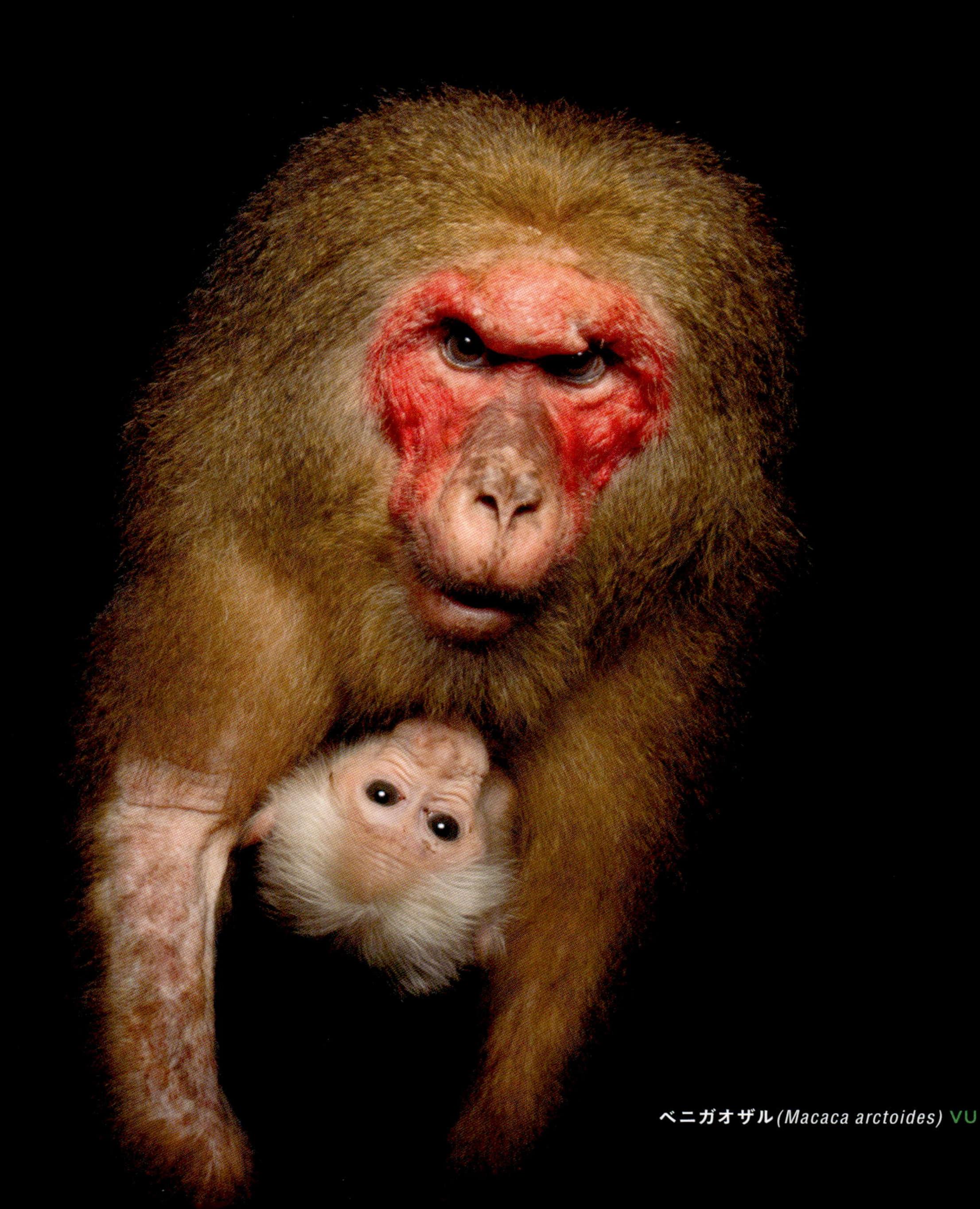

ベニガオザル(*Macaca arctoides*) VU

ジャガー *(Panthera onca)* **NT**

「ジャガーは背景用の白い紙の匂いを
くんくん嗅いだだけで、破りはしなかった。
動物が撮影部屋に初めて入ってきて
周囲の様子をうかがっているときが
最高の写真が撮れるチャンスだ」

アフリカスイギュウ(*Syncerus caffer*) LC
右ページ：**ライラックニシブッポウソウ**(*Coracias caudatus*) LC

食べ物を提供 ▶▶

アフリカスイギュウのような大型の有蹄類が
背の高い草原を歩き回ると、
泥をはね上げると同時に、植物や草むらに
潜む生物も一緒に蹴り上げる。
すると、このライラックニシブッポウソウの
ような鳥たちがチャンスとばかりに、
周囲を飛び回る虫を捕まえにやってくる。
ブッポウソウは視界のよいス
イギュウの頭や角にとまることもある。

ビートルズのメンバー紹介 ▶▶

左ページ：**カメノコハムシの一種（トータスビートル、*Aspidomorpha citrina*）** NE
上段（左から）：**ゴミムシダマシの一種（ダークリングビートル、*Eleodes* sp.）** NE、
オオヒラタカナブン（アジアンフラワービートル、*Agestrata orichalca*） NE
下段（左から）：**ハムシの一種（ミルクウィードリーフビートル、*Labidomera clivicollis*）** NE、
ゴミムシの一種（ノッチマウスドグラウンドビートル、*Dicaelus purpuratus*） NE

リカオン*(Lycaon pictus)* EN

「私たちは、背景の白い紙の範囲に
おさまる数匹だけを群れから分けた。
群れから離されたリカオンは、
部屋の反対側にいる仲間たちをじっと見つめていた」

イワドリの雄（右ページ）**と雌**
(Rupicola rupicola) **LC**

ニシローランドゴリラ(*Gorilla gorilla gorilla*) CR

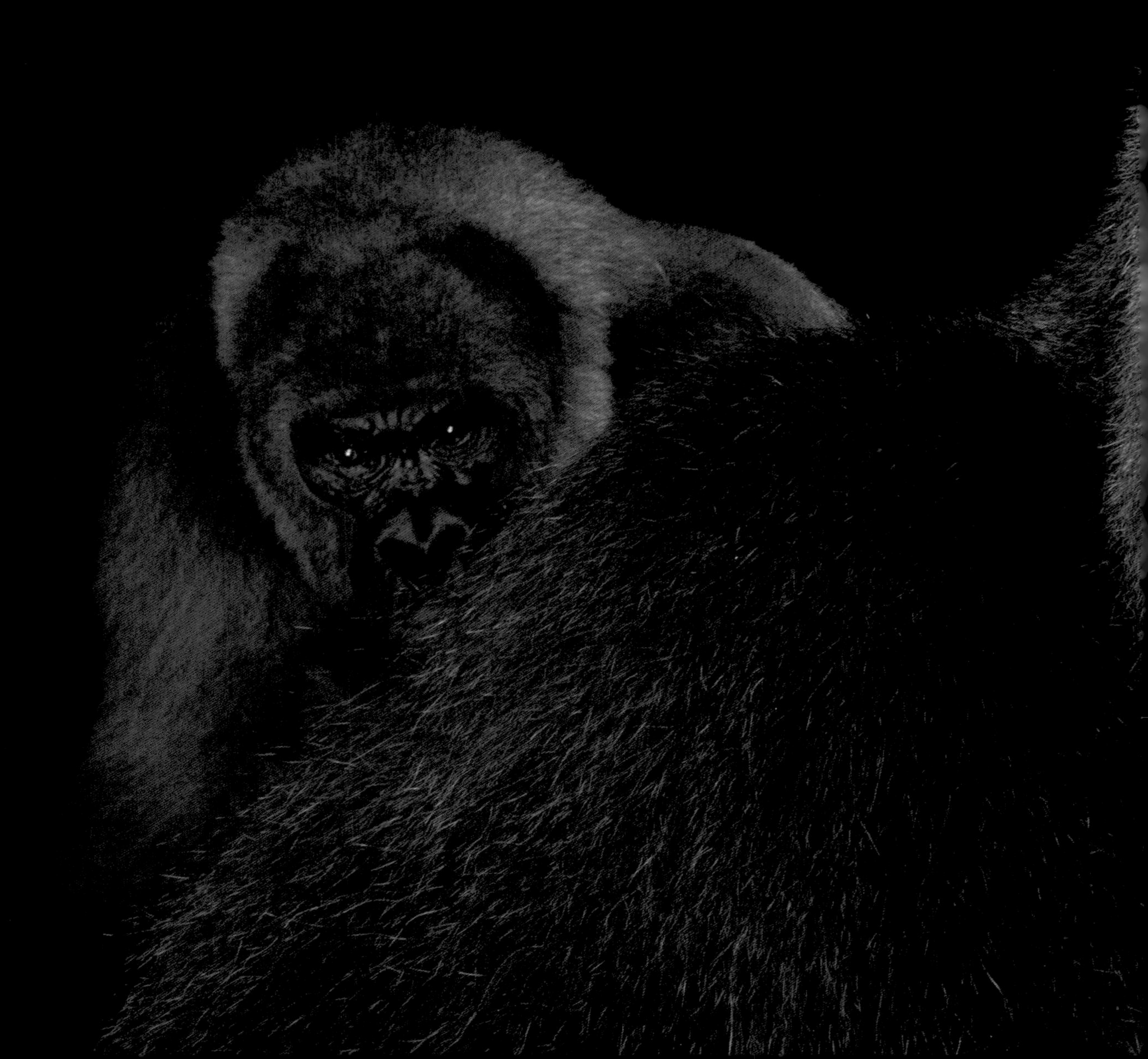

「ゴリラが、
絶滅に最も近い
種の一つだ
という事実は
おどろきだ」

レムールアカメアマガエル*(Agalychnis lemur)* CR

「2匹は包接と呼ばれる交尾行為のためにくっついている。
上の小さいカエルが雄で、雌が卵を産み落とすまで密着したまま待ち、
卵が出てきたら受精させる。
自分の遺伝子が確実に受け継がれるように、
雄は眠っている間さえも体勢を変えず、そのときを待ち続ける」

ナナフシの一種 *(Aretaon asperrimus)* **NE**

タスマニアデビル *(Sarcophilus harrisii)* **EN**

ウミシイタケ属の一種 *(Renilla muelleri)* NE

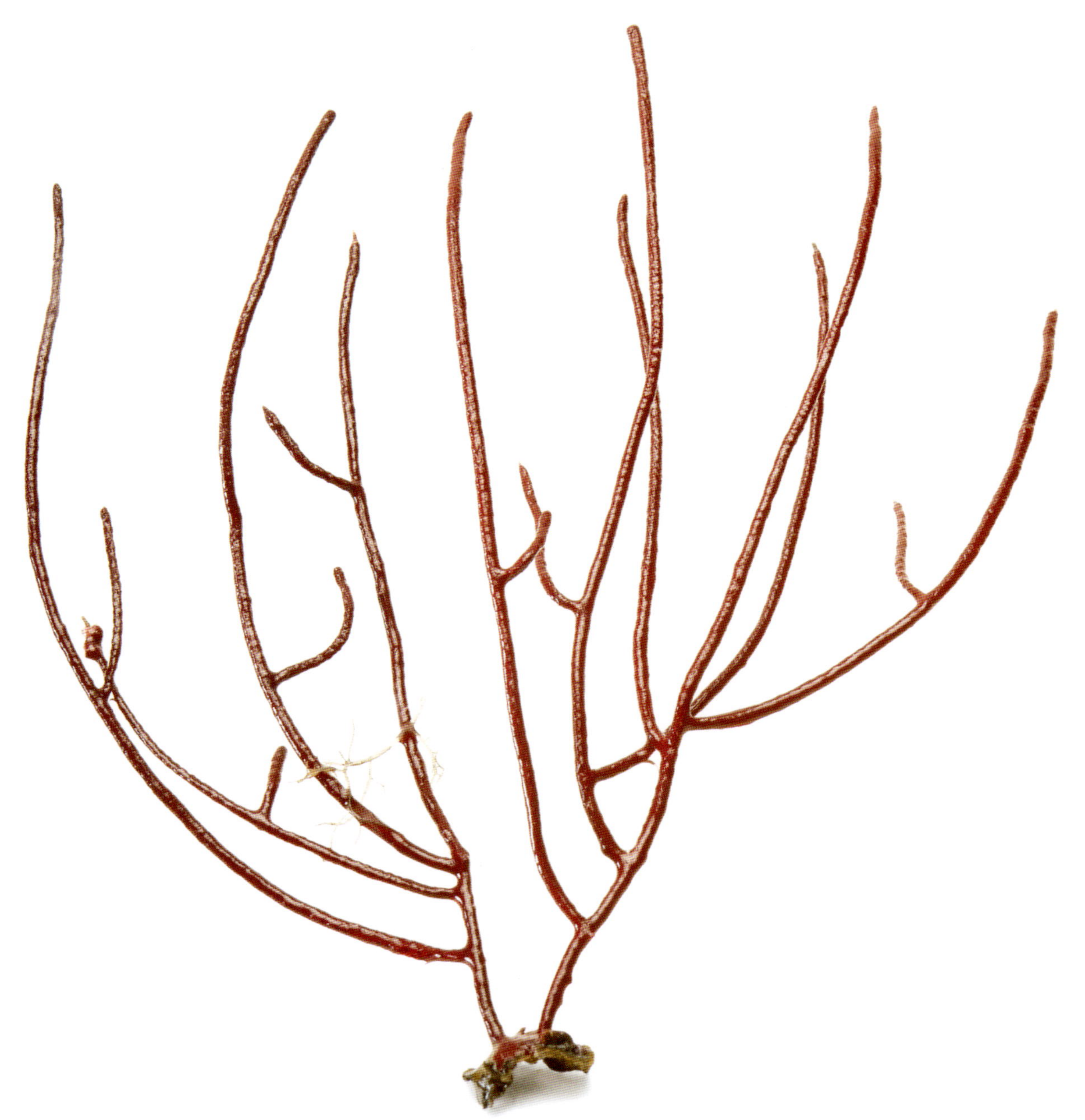

ウチワヤギ科の一種*(Leptogorgia virgulata)* **NE**

クロザル*(Macaca nigra)* CR
右ページ：**スラウェシバビルサ***(Babyrousa celebensis)* VU

食べ残し ▶▶

「クロザルは木の上で食事をし、
通り道に果実を落としていく。
バビルサはクロザルについて歩き、
木の下でおこぼれにあずかる。
どちらの動物も人の手を介さずに
森が存続するために必要だ」

ヒマラヤオオカミ(*Canis himalayensis*) LC

「彼らの撮影は自分の飼い犬の写真を
撮るようなものだった。
とても利口で、おやつがある間は
言うことをよく聞いてくれたが、
なくなると私に見向きもしなくなり、
撮影は終了となった」

ヒレナシシャコガイ*(Tridacna derasa)* VU

右ページ、上段（左から）：**アラクサビカワボタンガイ***(Pleurobema plenum)* CR、
シカアシカワボタン*(Truncilla truncata)* NE、**イシガイ科の一種***(Cyprogenia stegaria)* CR
下段（左から）：**ヒギンスランプヌマガイ***(Lampsilis higginsii)* EN、
スジヒバリガイ *(Geukensia demissa)* NE、**ウネカワボタン***(Amblema plicata)* LC

絶滅の危機と闘う　HEROES

ブライアン・グラトウィック　　スミソニアン熱帯研究所（パナマ、ガンボア）

スミソニアン熱帯研究所の保全生物学者ブライアン・グラトウィックは、パナマの豊かな生態系を維持するために両生類を守る活動に取り組んでいる。同国に生息する214種の両生類の多くは、カエルにとって致命的なツボカビ症におびやかされ、病気の解明が急がれている。同時にグラトウィックは、絶滅寸前のカエルの人工繁殖プログラムの整備も急ピッチで進めている。

ツボカビ症の治療法を研究するグラトウィックのチームは、この病気の大流行でも生き残ったカエルの遺伝子を分析した。パナマゴールデンフロッグの集団に、効果がありそうな微生物を摂取させる実験も行い、病気の抵抗力が高まるかどうかも調べている。「病気にかかったすべての個体に同じ症状が出るわけではない。生き残るカエルと死ぬカエルがいる理由に説明がつけば、問題解決のカギになる」とグラトウィックは言う。彼のチームは健康な個体を自然に返す活動にも力を入れている。ガンボアにある同研究所のフィールドステーションは現在、世界最大級の両生類保護センターになった。「設備は整った。これからはどんどん増やしたい」

ジンバブエで少年時代を過ごしたグラトウィックは、池の魚を捕まえては、種類を調べることが好きだった。彼にとって両生類も身近な存在だった。「一日中、腰まで泥につかっていれば、必ずオタマジャクシに出合うからね」。仕事で扱う生物種は限られているが、彼はあらゆる生き物を守りたいと願っている。

> カエルの声は自然界のサウンドトラックだ。
> 私たちが観察し、耳をかたむければ、
> それぞれの種ならではの物語が伝わってくる
> ――ブライアン・グラトウィック

絶滅の危機に瀕しているリモサハーレクインフロッグを持つ
ブライアン・グラトウィック。
パナマのガンボアにあるスミソニアン熱帯研究所の
フィールドステーションでは、ほかにも多くの生物が飼育されている。

左ページ：**リモサハーレクインフロッグ**(*Atelopus limosus*) EN

コオバシギ(*Calidris canutus*) **NT**

「コオバシギは北への渡りの途中、
カブトガニの卵だけを食べて過ごす。
カブトガニの乱獲は、
カブトガニとコオバシギの両方の激減を招いた」

第3章 ◀ ▶

Opposites
正反対

私たちは自分とはちがうものに惹きつけられる。ちがいを持つ相手は私たちの心をとらえる。生物と生物の親密な関係は、似たもの同士の間に生まれることもあるが、ちがっている生物たちの間に生まれることも同じくらいよくある。競争、対立、寄生、捕食による関係は、調和と同一性によって生じる関係と同じくらい深く、種としての個性の形成に影響を与える。

すぐに歯をむく恐れ知らずの小さな肉食獣コビトマングースやトウギョ(ベタともいう)のように、戦うために生まれたような動物もいる。両者の共通点は、肉食であることと、力づくでも縄張りを守ろうとすることだ。アフリカに分布するテンニンチョウは、セイキチョウの食べ物や営巣地を横取りする。自然界には三角関係も存在する。例えば、アナホリフクロウは安全な場所を求めて、草原の地下に作られたプレーリードッグの古巣で暮らすが、敵を遠ざけるために(あるいはプレーリードッグを追い出すために)、ガラガラヘビが出す音に似た声を出す。

このように、動物の世界からさまざまな対比を取り出して並べることはとてもおもしろい。両極端な動物たちの間に、私たちは興味深い関係性を見出す。庭にいるカタツムリは粘液を出しながらゆっくりと進む。地上で最速の動物であるチーターは最高時速100キロメートル以上で走る。ヤスデは何百本もの短い脚で移動する。アシナシトカゲは1本も足を持たない。

自然はさまざまな対比を惜しみなく見せてくれる。アフリカに17種類が生息する小さなハネジネズミの一種、クロアカハネジネズミを進化のジグソーパズルに当てはめてみると、ネズミよりもゾウに近い位置にピースがはまる。中米のキタコアリクイは前脚を大きく広げて2本足で立ち上がり、マダガスカルにいるコクレルシファカは体を丸めて縮こまる。海水魚と淡水魚は同じ水の中で生きることはできないが、同じ世界で生きている。

私たち人間も同じだ。動物たちを知ることで、数多くの変化や細部、ちがいを見る。それこそが地球の生物多様性のすばらしさであり、だからこそ私たちはあらゆる種を守りたいと願うのだ。

左ページ：**ヒゲペンギン**(*Pygoscelis antarcticus*) LC
「奇跡のような1枚だ。全員が同じ姿勢で並んでいたところ、1匹だけが手前に進み出て、ちがう方向を向いた」
203ページ：**ミツユビハコガメ**(*Terrapene carolina triunguis*) VU

ニジキジ*(Lophophorus impejanus)* **LC**

「これほど華やかな鳥はなかなかいない。
この写真はバトラー夫妻のピーサントヘブンで撮影した。
あざやかな羽の色を表現できるように、
自然光とピュアホワイトの光を出す照明を組み合わせた」

キタアオジタトカゲ(*Tiliqua scincoides intermedia*) NE

「このトカゲは活動的で、名前にある青い舌で
私や黒いビロードの背景幕の匂いを嗅いでいたが、
写真のフラッシュが光るたび、舌の動きがとまった」

ヒメリンゴマイマイ*(Helix aspersa)* **NE**

「特にめずらしい種ではないが、
注目に値する魅力を持っている」

チーター *(Acinonyx jubatus)* VU

「彼はとてもおとなしかったので、私は飼育員と一緒にチーターの囲いに入った。
この写真のチーターが雄々しく、穏やかな動物に見えるとすれば、
実際にその通りだからだ」

コビトマングース
(Helogale parvula) LC

「マングースたちの動きが
止まることは一度としてなかった。
ずっとあたりを調べ回っていた」

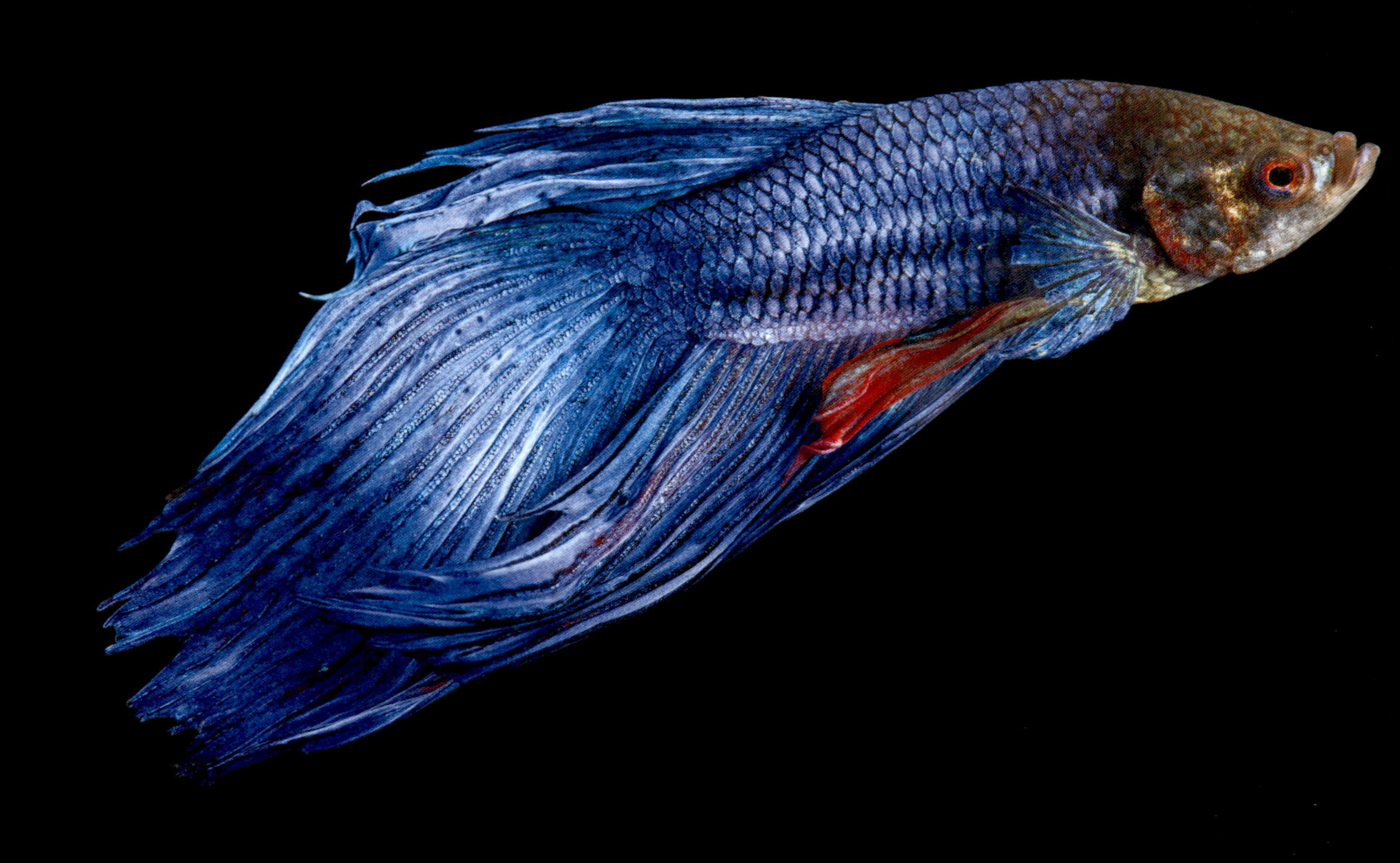

ベタ・スプレンデンス(*Betta splendens*) VU

「背ビレや尾ビレを大きく広げるフレアリングという威嚇の行為と、
雄同士が出会うとすぐに攻撃する好戦的な性格で知られる魚だ。
観賞用に品種改良が重ねられ、よりヒレが長いものが作り出されてきた」

ササキリの近似種*(Orchelimum gladiator)* NE

巨大ナナフシの一種*(Eurycnema goliath)* **NE**

「世界で最も長い体を持つ昆虫だ。
私は基本的に動物の写真に人間を入れないようにしているが、
大きさを示すために必要な場合もある」

ヤスデの一種(*Diplopoda* sp.) **NE**
右ページ：**ヨーロッパアシナシトカゲ**(*Pseudopus apodus*) **NE**

脚の重要性 ◀▶

植物と動物の大きなちがいの一つは、
移動可能かどうかという点だ。
動物はヒレや羽、脚を使って動き回る。
ヤスデは数百本の肢を持ち、750本もある種もいる。
一方、アシナシトカゲにはほとんど用をなさない
退化した小さな足がついているばかりで、
ヘビのようにずるずるとはって進む。

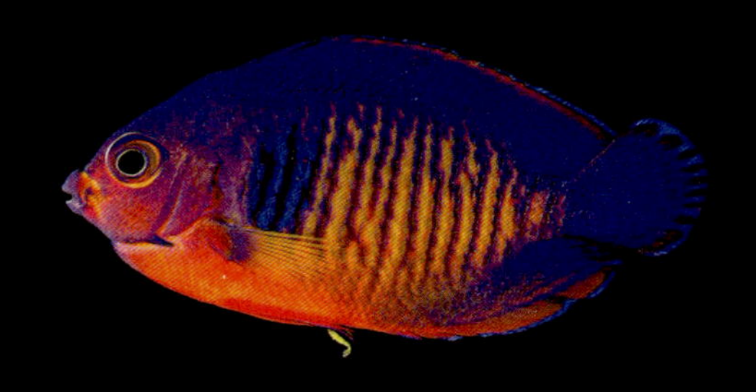

海水魚と淡水魚の色 ◀▶

色とりどりのサンゴ礁にすむ海水魚（このページ）は、
周囲に溶けこむような黄や青の体色をしている。
反対に、コロラド川のような川や湖、
池で生きる淡水魚（右ページ）は、
生息環境を反映してくすんだ色をしている。

左ページ、上段（左から）：**ヒフキアイゴ**(*Siganus unimaculatus*) NE、**ナンヨウハギ**(*Paracanthurus hepatus*) LC
下段（左から）：**ホワイトバードボックスフィッシュ**(*Anoplocapros lenticularis*) NE、**ルリヤッコ**(*Centropyge bispinosa*) LC
このページ、上段（左から）：**ラザーバックサッカー**(*Xyrauchen texanus*) CR、**ボニーテイル**(*Gila elegans*) CR
下段（左から）：**ハンプバックチャブ**(*Gila cypha*) EN、**コロラドパイクミノー**(*Ptychocheilus lucius*) VU

「モントレーベイ水族館のユキチドリのヒナたちは、
安心と温もりを求めて身を寄せ合っていた。
1羽をのぞいては。
どこにでもこういうはぐれものはいるものだ」

ニシユキチドリのヒナ
(Charadrius nivosus nivosus) **NT**

絶滅の危機と闘う　HEROES

クリス・ホームズ

ヒューストン動物園（米国テキサス州ヒューストン）

実はクリス・ホームズがアオコブホウカンチョウに夢中になったのは、20数年前に初めて出会ったときではない。そのころ十代の彼はヒューストン動物園でボランティアをしていた。「僕はこの鳥が嫌いだった。檻の扉まで駆け寄ってきて、逃げ出そうとしたんだ」とホームズは言う。「あの鳥はとんでもないやつだ」と彼は指導員に訴えた。当時鳥類担当の学芸員補だった指導員のトレイ・トッドは、絶滅寸前の状態にあるこの鳥をなんとか救いたいとホームズに伝え、誰かが彼らが生き延びるための手助けをしなければと話した。ホームズは「その役目が自分に回ってくるとは想像もしなかった」

コロンビア北部原産のアオコブホウカンチョウは、現地の文化にも深くかかわりがある鳥だが、野生には約250羽しか残っていない。ヒューストン動物園は30羽以上のヒナの孵化に成功し、ほかの動物園にも育てた鳥を送って繁殖を進めている。コロンビアのバランキージャ動物園の職員ミリアム・サラザールと協力し、ホームズはコロンビア全国規模での保護プログラムに取り組んだ。そして2014年、ラファエル・ビエイラとギレルモ・ガルビスの協力の下で、バル島にあるコロンビア国立鳥園で初めてヒナが誕生した。「大きな前進だ」とホームズは言う。

ホームズが現在力を入れているのは、アオコブホウカンチョウの故郷であるコロンビアで、繁殖と飼育を進める保護活動家や政府関係者に対する支援だ。「現地に行くことで、本来の生息地に戻す際の課題や、その解消方法がわかってくる」。2015年12月にコロンビアで開催したワークショップでは、アオコブホウカンチョウ保護のための5年計画の策定にも尽力した。

初対面では強情に見えたアオコブホウカンチョウだったが、鳥たちに職業人としての人生を捧げるうちに、ホームズは心を奪われていった。今、彼の左腕にはアオコブホウカンチョウのタトゥーが入っている。もはや彼らを「とんでもないやつ」呼ばわりすることはない。「連中には人間をやすやすととりこにするような魅力があるんだ」と彼は話す。

> 今回の撮影は
> 私に個人的な影響を与えた。
> あらゆる生き物のつながりに
> 気づいたからだ
>
> ――クリス・ホームズ

撮影のために雄のマクジャクを連れてきたクリス・ホームズ。
「クジャクの尾を撮影用テントに収めるのは大変だった」とホームズは話す。
クジャクの仲間は2種類いるが、マクジャクはより絶滅に近い種だ。

左ページ：**アオコブホウカンチョウ**(*Crax alberti*) CR

生態系への貢献 ◀▶

北米に分布するプレーリードッグは、草原（プレーリー）に
複雑な構造のトンネルを掘って巣を作る。巣穴は「町」と呼ばれることもあるほどだ。
その巣穴を、アナホリフクロウやガラガラヘビなどのほかの動物が拝借することもある。
プレーリードッグが地面を掘り返すと、土が空気にふれる。自然にとって大事な作業だ。
「プレーリードッグの町は、草原の生態系の豊かさに大きく貢献している。
海のサンゴ礁に匹敵するほどだ」

ニシダイヤガラガラヘビ(*Crotalus atrox*) LC
アナホリフクロウの一亜種(*Athene cunicularia troglodytes*) LC

オグロプレーリードッグ*(Cynomys ludovicianus)* LC

毛色がちがう仲間たち ◀▶

毛の色や模様はまったくちがうが、この2匹のヒョウはどちらも同じ種だ。
1匹は体中に斑紋が入り、周囲に溶けこんで身を隠しやすい。
もう1匹も同様にヒョウ柄なのだが、
特定の波長の光の下でしか体の模様は見えない。
黒いヒョウは、黒色素過多症（メラニズム）と呼ばれる
劣性遺伝により生じた。
これは主にヒョウやジャガーに発生する。

アフリカヒョウ(*Panthera pardus pardus*) VU

クモガニ類の一種*(Libinia emarginata)* NE

アシダカグモ科の一種(*Olios* sp.) NE

キタコアリクイ*(Tamandua mexicana)* LC
「コアリクイの仲間は、威嚇するときに2本脚で立ち上がる。
大きなかぎ爪には迫力がある」

コクレルシファカ*(Propithecus coquereli)* EN

上段（左から）　サキシマミノウミウシ属の一種(*Flabellina iodinea*) NE、イロウミウシ科の一種(*Felimare picta*) NE、
カノコキセワタ科の一種(*Navanax inermis*) NE
中段（左から）：ジャンボアメフラシ(*Aplysia californica*) NE、イバラウミウシ属の一種(*Okenia rosacea*) NE、
ゴクラクミドリガイ属の一種(*Elysia crispata*) NE
下段（左から）：クロシタナシウミウシ属の一種(*Dendrodoris warta*) NE、メリベウミウシ属の一種(*Melibe leonina*) NE

マダラコウラナメクジ*(Limax maximus)* **NE**

左ページ：**アジアゾウ**(*Elephas maximus*) EN
クロアカハネジネズミ(*Rhynchocyon petersi*) LC

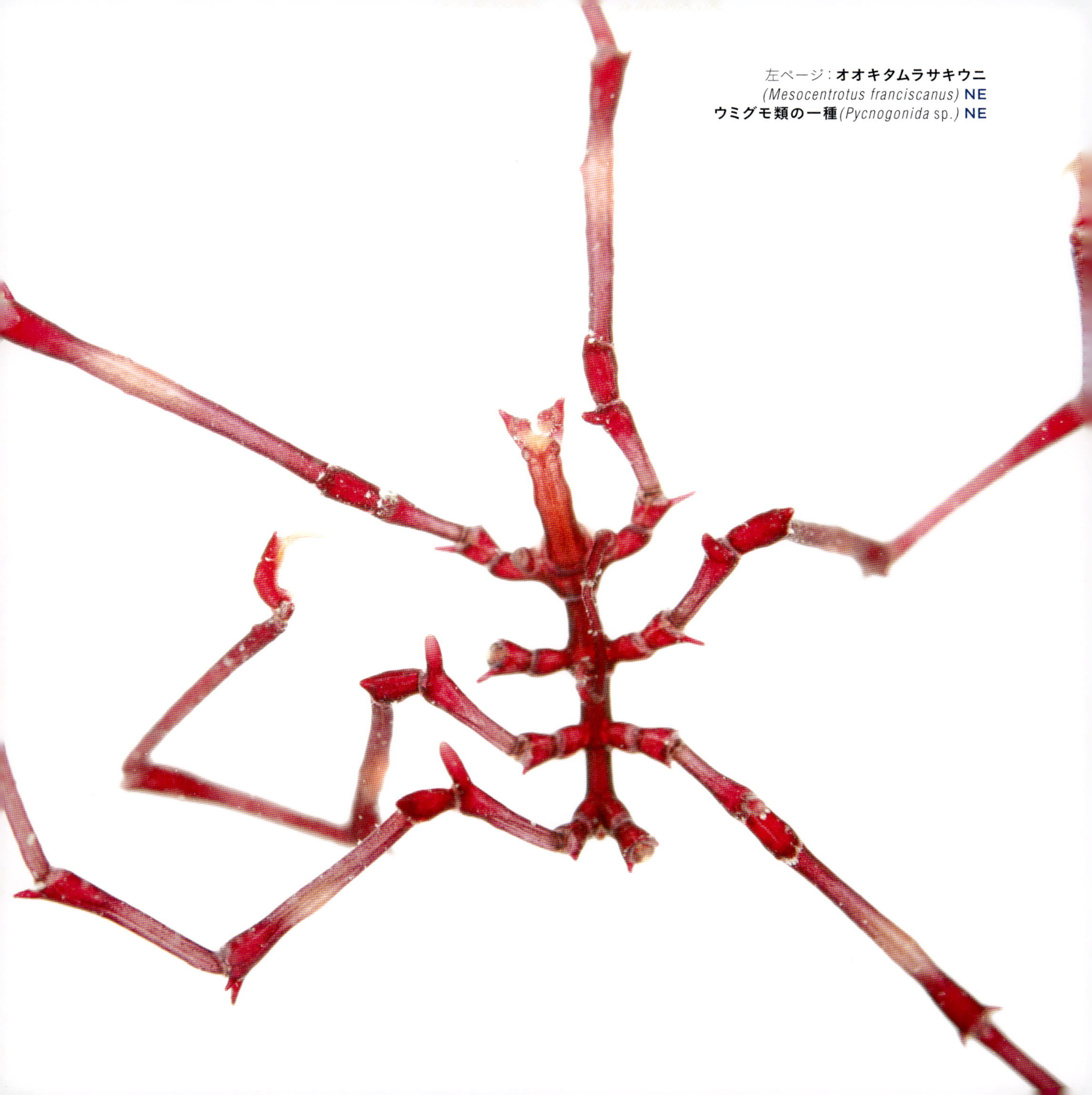

左ページ：**オオキタムラサキウニ**
(Mesocentrotus franciscanus) **NE**
ウミグモ類の一種*(Pycnogonida* sp.*)* **NE**

巣の侵略者 ◀ ▶

テンニンチョウ(このページ)にはご用心。
アフリカに生息するこの鳥は、別の鳥の巣に自分の卵を産む。
巣の持ち主は、セイキチョウ(右ページ) などの種子を主食とするフィンチ類だ。
テンニンチョウに何の得があるのか?
巣の持ち主が、自分のヒナと分け隔てなく
テンニンチョウのヒナも育ててくれるからだ。

左ページ：**テンニンチョウ**(*Vidua macroura*) LC
ルリガシラセイキチョウ(*Uraeginthus cyanocephalus*) LC

国立動物公園

ドミニカ共和国

カリブ海に浮かぶイスパニョーラ島にのみ生息する数々の固有種を撮影するため、サートレイはドミニカ共和国最大の動物園に向かった。いつものように彼は友人や保護活動家のつてを頼りに滞在の準備をし、撮影を手伝ってくれる助手を探した。ドミニカの首都サントドミンゴへは「友人のエラディオ・フェルナンデスが旅の手配をしてくれた」。今回の旅で彼は、ハイチフチアとハイチソレノドン（242～243ページ）を撮影するチャンスに恵まれた。トガリネズミによく似たソレノドンは「凶暴そうに見えた」そうだが、その感想ははずれていない。ソレノドンは下あごの門歯から有毒な唾液を出すことができる。

撮影の内容は毎回
大きくちがう。有毒生物を
撮ったと思えば、
見たこともない
奇妙な姿の昆虫が現れ、
ジャガーの赤ちゃんに
哺乳瓶でミルクを与える
といった具合だ。しかも、
これでまだ最初の1時間だ

ヒスパニオラノスリを撮影する際、サートレイは柔らかい素材のテントを使って被写体を落ち着かせ、ごく近い距離で写真を撮れるようにした。

サートレイの息子コールも撮影を手伝うことが多いが、作業はカメラや照明などの機材の操作だけではない。「哺乳瓶を渡されて、ジャガーの赤ちゃんにミルクを飲ませる仕事を頼まれるという役得も時にはある」とは父親の弁。

1日の撮影を終えて一息つくサートレイのチームと、撮影を終えたばかりのメスグロホウカンチョウ。ほとんどの撮影には何人もの頼れる協力者がいる。たいていは動物園の飼育員やボランティアの人々だ。

ハイチフチア(*Plagiodontia aedium*) EN

ハイチソレノドン(*Solenodon paradoxus*) EN

アカオクロオウムの一亜種
(Calyptorhynchus banksii naso) LC

テンジクバタン
(Cacatua tenuirostris) LC

「生きとし生けるのものすべてに
すばらしい価値があり、
どの生き物も存在するに値する」

ニシアフリカナキヤモリ*(Hemidactylus fasciatus)* NE

「西アフリカに行ったとき、真夜中にテントで眠っていた
私の顔の上をヤモリが横断していった。
びっくりした私は、暗闇の中でそれをつかみ、投げ捨てた。
ヘッドライトをつけてみると、しっぽが切れたヤモリが
天井に登っていくところだった。
切れたしっぽと、しっぽが切れたヤモリ。
これを1枚の写真に収めようと思いついたのは、そのときだ。
ヤモリはまた新しいしっぽが生えてくるからね」

毒を持ったイチゴ ◀▶

ここで紹介するのは、すべてイチゴヤドクガエルという同じ種のカエルだ。
色や模様はさまざまだが、これはごく一部にすぎない。
名前にイチゴとつくのは、この種の一部がイチゴのように
あざやかな赤い色をしているからだ。
色変個体が非常に多く、ほとんどの種に
生息地や体の模様にちなんだ名前がつけられている。
希少な色変個体や、生息範囲が
非常に限られている固有種もいる。

左ページ：**イチゴヤドクガエル***(Oophaga pumilio)* LC
上段：**いずれも無名の色変個体**
中段（左から）：**色変個体の「ラ・グルタ」、「アルミランテ」、「ブルーノ」**
下段（左から）：**色変個体の「リオブランコ」、「ブルーフェーズ」、「ブリブリ」**

ガラパゴスゾウガメ *(Chelonoidis vicina)* EN

ヌマハコガメ*(Terrapene coahuila)* EN

ヘイゲンミルクヘビ(*Lampropeltis gentilis*) NE
右ページ：**ハーレクインサンゴヘビ**(*Micrurus fulvius*) LC

読者のみなさまへ

ナショナル ジオグラフィック フォト・アーク「動物の箱舟」の一員となってくれてありがとう。あなたのサポートのおかげで、手遅れになる前に動物たちを救うことができます!

フォト・アークの写真集をあなた、そして日本のみなさんに読んでもらうことにわくわくしています。

全世界の動物園・保護施設にいる生き物すべてである1万2000種の撮影を目指すフォト・アーク・プロジェクトの、ちょうど折り返し地点にあたるのがこの本です。このプロジェクトを通して私たちは、絶滅の危機に瀕している生き物たちに光をあて、彼らを守るために人々が行動を起こすよう促し、希少な種の保護活動をおこなっている世界中の人々を支援しています。

感謝を込めて

Joel Sartore

ジョエル・サートレイ
ナショナル ジオグラフィック フォトグラファー、フォト・アーク発起人

まぎらわしい縞模様 ◀▶

動物の世界では擬態ができると得をするが、
このヘビたちの例では毒を持ったヘビに
かまれずにすむという点で人間が得をする。
ヘイゲンミルクヘビ（左）は、
よく似た毒蛇ハーレクインサンゴヘビ（右）が
いる地域ではほとんど見かけない。
こんな遊び歌を覚えておくとよいだろう。
「赤に黄色の模様なら、かまれた相手は死んでしまう。
赤に黒の模様なら、そいつはぼくらの友だちだ」

絶滅の危機と闘う

HEROES

ルードヴィヒ・ジーフェルト

ウガンダ肉食動物保護プログラム（ウガンダ西部）

1990年代のタンザニアでライオンが次々と死ぬ現象が起こった。隣国のウガンダで野生生物救護活動をしていたルードヴィヒ・ジーフェルトは原因の調査を始めた。ライオンの群れを監視した結果、ライオンが家畜を狙うたびに毒エサがまかれていたという事実が判明した。そこで誕生したのが、ウガンダ大型肉食動物保護プロジェクト(現ウガンダ肉食動物保護プログラム)だ。

同プログラムのリーダーを務めるジーフェルトは主にウガンダ西部のクイーンエリザベス国立公園で活動している。国立公園内とその周辺にはおよそ10万人が生活している。彼の仕事は、人の近くで暮らすライオン、ヒョウ、ハイエナと人間との間にトラブルが起こらない方法を模索することだ。彼は地域住民のための集会を開いて意見を募り、信頼関係を築いてきた。「アンケートでは、地域住民の80％以上が保護活動に関わりたいと回答している」と彼は言う。国立公園では野生動物観察ツアーを行い、来園者にも野生動物の保護について学んでもらっている。「来園者は1匹1匹のライオンに親近感を抱き、彼らを守るために何をすればよいかを学んで帰っていく」

地域密着型プロジェクトでは、人間の居住区を丈夫な柵で囲ったり、地元の生徒たちが調べた鳥の数や種類の記録を国際データベースに記録したりするなどの取り組みも行っている。動物の位置を調べる無線発信機付き首輪の費用や車両のガソリン代はジーフェルトのポケットマネーでまかなわれ、敵対する人々に考えを改めてもらうためのプログラムも立ち上げている。よいことばかりではないが、状況に振り回されず、ジーフェルトは奮闘している。人間の近くで暮らす哺乳類の王者にはまだ希望がある。

ルードヴィヒ・ジーフェルトと上級研究補助員のジェームズ・カレーワは、
さまざまな監視技術でウガンダの大型肉食動物の動きを追跡している。

無知による破壊や意図的な殺戮は、
傍観者の立場から抜け出す人が
増えれば、なくせるかもしれない
——ルードヴィヒ・ジーフェルト

左ページ：**ライオン**(*Panthera leo*) VU

兄弟間の争い ◀▶

この写真のオオクロムクドリモドキの兄弟は、
撮影中に大声でわめきたてていた。
自然界での兄弟げんかは死を招くこともある。
「兄弟の中で特に大きく強い個体は、
ほかの兄弟を押しのけてエサをもらおうとする。
ときには相手を巣の外へ押し出して死なせることもある」

オオクロムクドリモドキの若鳥
(Quiscalus quiscula) LC

第4章

Curiosities
変わりもの

世の中には常識の枠にはまりきらないものたちがいる。それゆえに私たちは彼らを愛する。「はぐれもの」「異端」「個性的」「反逆児」――これらの言葉はすべて際立った個性、異質さ、世間に評価されにくい特質の持ち主を表現するために用いられる。世界には、それぞれに適した居場所が必要だ。型破りなもの同士が出会い、パートナーとなることもあるが、その強烈な個性を失うことは決してない。

本章には、何かの鏡にも、どこかの相手のパートナーにも、誰かと正反対の関係にもならないような、変わりものの居場所を用意した。愛らしく、大切な存在である彼らをフォト・アークの対象から外し、本書に収録しないのはあまりにもったいない。

既存の生物分類の枠を超えた生き物もいる。ハリモグラとカモノハシは哺乳類だが、卵を産み、単孔類と呼ばれる種類に分類されている。これらの遺伝子を調べると、恐竜時代までさかのぼって動物の進化の歴史を探ることができる。

鳥類にも変わりものがいる。北米に生息するアメリカシロヅルは、背丈が人間と同じくらいあり、長い首を曲げ、体を2つに折りたたんで自分の体を点検する。アヒルや白鳥の近縁種で南米に分布するツノサケビドリは、やかましく鳴きわめき、羽をバタバタさせ、角をゆすり、足の突起を使って激しく戦う。また、彼らは沼に生える植物を集めて水に浮かぶ巣を作り、そこでヒナを育てる。

さらに、姿や習性があまりにも私たちの常識からかけ離れているため、動物と呼ぶことがためらわれる生物もいる。きらきらと輝くヒトデ、トゲだらけのハリセンボンやウニなど、非常に奇妙な姿をした生き物を見た後では、ウニの上を歩く小さなカニでさえ私たちに近い仲間と思えるほどだ。

ここで、ナショナル ジオグラフィックのフォト・アークが強調しておきたいことがある。地球という惑星に暮らす数多くの生き物の幅広さ、多様性、ちがい、そして神秘をそのまま見てほしい。どれほどちっぽけであっても、どれほど異様に見えたとしても、彼らは奇跡にあふれた貴重な存在だ。十分注目に値するし、守るべき価値があるのだ。

左ページ：**ソバージュネコメガエル**(*Phyllomedusa sauvagii*) LC

「ソバージュネコメガエルは、片足を上げて自分の優位性を誇示した。
私には痛くもかゆくもなかったが、仲間のカエルには効果があるのだろう」

259ページ：**オオコウモリの一種**(*Lissonycteris* sp.)、**ヘビクイワシ**(*Sagittarius serpentarius*) VU

種の壁をこえて ▲▼

ハリモグラは筒状のくちばしを使って地面を探り、
長い舌でシロアリやアリ、ミミズなどを捕らえて食べる。
カモノハシはアヒルに似たくちばしを持ち、
雄は後ろ足の蹴爪（けづめ）から毒を出す。
両者は現生で卵を産む唯一の哺乳類で、
単孔類に分類されている。
遺伝子分析の結果から、
この2種はおよそ数千万年前に同じ動物から
分かれて進化したといわれる。

左ページ：**ヒガシミユビハリモグラ**(*Zaglossus bartoni*) **VU**
カモノハシ(*Ornithorhynchus anatinus*) **NT**

突然変異で誕生したキンギョ
(Carassius auratus) LC
の一種、頂点眼(ちょうてんがん)

「キンギョは数千年とまではいかないが、
中国で長く飼われてきた歴史を持つ。
現代のキンギョは目が上を向いたもの、
ほおが風船のようにふくらんだもの、
体が小さいもの、尾ビレが非常に大きいものなど、
何でもありだ。
しかし、どれも元をたどれば
平凡な野生のフナから誕生している」

スラウェシメガネザル(*Tarsius tarsier*) VU

「夜間に活動できるように
大きな目をしている」

「角はプラスチックの
ほうきの毛のような感触だった。
角の正体は軟骨だ」

ツノサケビドリ*(Anhima cornuta)* LC

「人間の手で育てられたこの鳥は、
ペットのニワトリのようにおとなしかった。
飼い主は鳥を抱き上げ、撮影用のテントに入れ、
撮影が終わると小屋の外に出した。
鳥はそのままじっと私たちを見つめていた」

オナガヤママユの一種*(Argema mimosae)* NE

「ガは触角を使って仲間が出した化学物質を感知し、情報を伝え合う。
この方法は交尾相手を探すときにも使われる」

ミツヅノコノハガエル*(Megophrys nasuta)* LC

…チュウハシ(*Pteroglossus beauharnaesii*) LC

「カールした頭の羽根の手ざわりは
薄く削ったプラスチックのようだった」

メキシコドクトカゲ
(*Heloderma horridum exasperatum* LC

上段（左から）：**イトマキヒトデ科の一種***(Patiria miniata)* **NE**、**シュイロヒメヒトデ***(Henricia Leviuscula)* **NE**
下段（左から）：**マヒトデ科の一種***(Orthasterias koehleri)* **NE**、**カスリマクヒトデ***(Pteraster tesselatus)* **NE**

上段（左から）：**マヒトデ科の一種**(*Pisaster ochraceus*) **NE**、**ノコギリヒトデ科の一種**(*Dermasterias imbricata*) **NE**
下段（左から）：**ゴカクヒトデ科の一種**(*Mediaster aequalis*) **NE**、**オオクモヒトデ**(*Ophiarachna incrassata*) **NE**

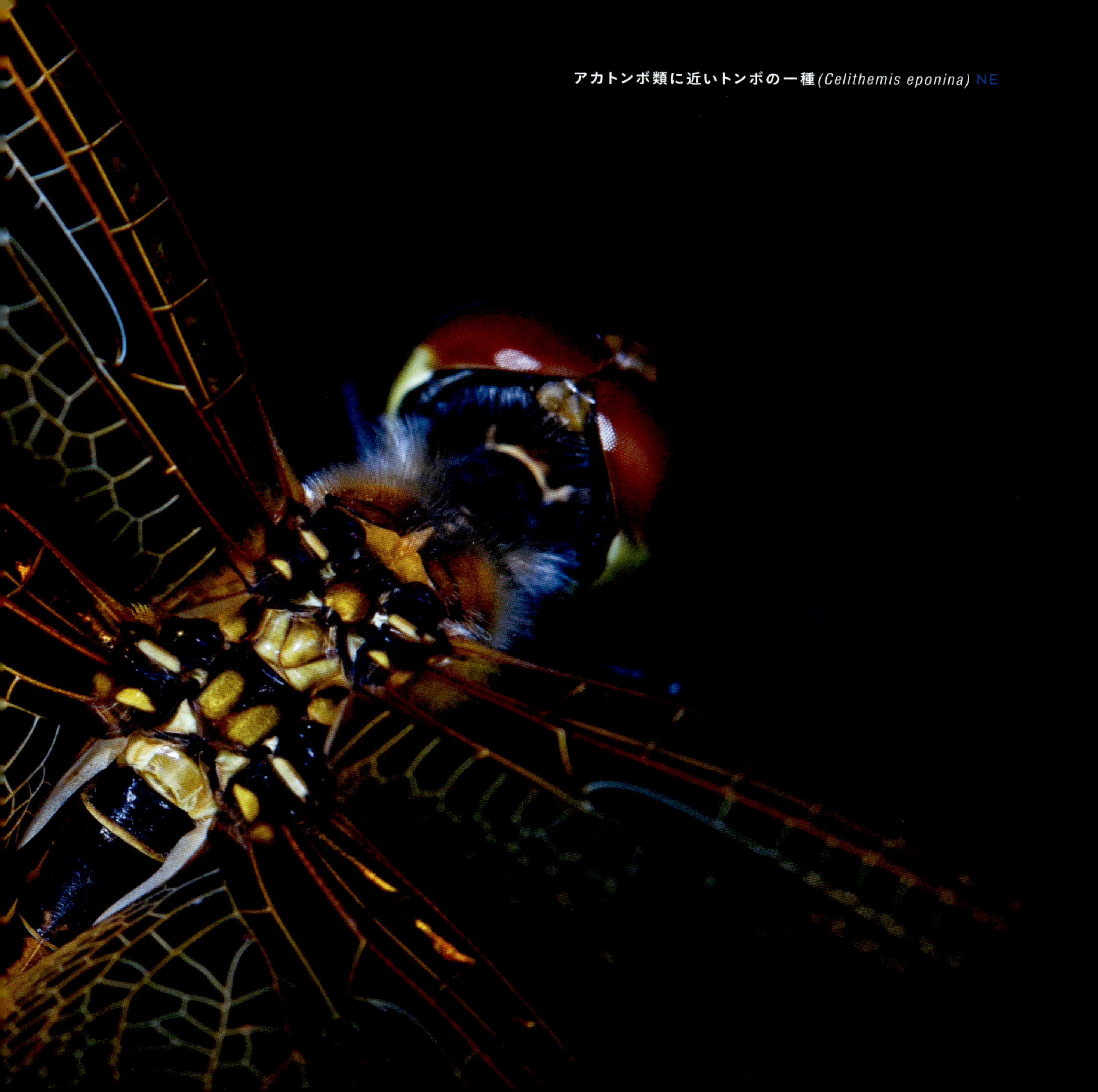

アカトンボ類に近いトンボの一種(*Celithemis eponina*) NE

絶滅の危機と闘う HEROES

ツィロ・ナドラー　　絶滅危惧霊長類保護センター(ベトナム、クックフーン国立公園)

ドイツ生まれのツィロ・ナドラーは、20年前のベトナム旅行で人生を変える光景を見た。さまざまな野生動物がめずらしいペットとして取引され、国境を越えて近隣諸国に運び出されていたのだ。これらの動物を政府当局が押収してもほとんどは行き場がなく、絶滅の危機に瀕していたキタホオジロテナガザルでさえ引き取り先が見つからないありさまだった。ナドラーは闇取引でひどい扱いを受けている動物たちの受け皿となるべく、押収された動物を保護するインドシナ半島初の施設として絶滅危惧霊長類保護センター(EPRC)を設立した。保護された動物たちが健康に過ごせるよう、彼らにはセンター周辺の森でとれた新鮮な食べ物が与えられている。

同センターはクックフーン国立公園の外れに位置し、現在15種類の霊長類180匹前後が暮らしている。ここだけで飼育されている種も6種いる。現時点では、野生で彼らが安全に過ごせる場所はなく、自然に返せるかどうかは未知数だが、ナドラーや彼の家族、スタッフたちはあきらめていない。彼らは保護活動を進め、密猟の撲滅に取り組み、いずれは動物たちを本来の場所に戻したいと日夜奮闘を続けている。

「ここでは信じられないほど野生動物の密猟が横行している」と話すナドラーは、自らの活動の緊急性を感じている。「最大の問題は、環境問題について教育する時間的余裕がないことだ。教育プログラムは効果が現れるまでに20年はかかるし、このセンターにいる種があと10年持ちこたえられるかどうかもわからない」

私の仕事ではないし、
私はその道のプロでもない。
しかし、ほかにどうしろというのか
——ツィロ・ナドラー

クックフーン国立公園の絶滅危惧霊長類保護センターが保護する
15種の霊長類のうちの1種、
希少なキホオテナガザル(*Nomascus gabriellae*)の
様子を見にきたツィロ・ナドラー。

左ページ：**ハイアシドゥクラングール**(*Pygathrix cinerea*) CR

エダハヘラオヤモリ *(Uroplatus phantasticus)* LC

ビーズヤモリ*(Lucasium damaeum)* **NE**

「ヤモリの仲間にはまぶたがないため、
ときどき眼球をなめてきれいにしている」

体の模様で姿を隠す ▲▼

バクの赤ちゃんは、体の明るい斑点が
暗い森の地面に落ちる木漏れ日に似ているので、
低い茂みにまぎれて姿を隠すことができる。
このような擬態により、
母親が食べ物探しに行っている間も安全に過ごせる。
右ページの淡水エイの体のまだら模様も
水面からちらちらと差しこむ光に似ており、
上を泳ぐ捕食者から見分けにくい。

マレーバク(*Tapirus indicus*) EN

ポルカドット・スティングレイ*(Potamotrygon leopoldi)* DD

「水質汚染と、
産卵地である河川周辺の開発が
ガビアルを危機に追い込んでいる」

インドガビアルの子供 *(Gavialis gangeticus)* CR

「インドでは水質汚染が深刻で、
ワニの仲間のガビアルはかなり危機的な状況におかれている。
産卵地である河川流域も、人間によって荒らされたり、
開発されたりしている」

アカウアカリ*(Cacajao calvus rubicundus)* VU

「アカウアカリは中南米に生息するが、
写真の雄は南半球で飼育されている
最後の数匹のうちの1匹だ」

アカサカオウム
(Callocephalon fimbriatum) LC

遠い親戚 ▲▼

だんご鼻にヒゲを生やしたふわふわの生き物と、
長い鼻に牙を生やした巨大な動物。
進化の道筋を数千万年前まで
さかのぼると同じ先祖に行き着く。
ハイラックスとアフリカゾウは、
現存する生物種の中では
一番近い親戚同士にあたる。

左ページ：**キボシイワハイラックス**(*Heterohyrax brucei*) LC
アフリカゾウ(*Loxodonta africana*) VU

アメリカシロヅル(*Grus americana*) **EN**

「アメリカシロヅルは、
生息地の保護と人工繁殖のおかげで
絶滅をまぬかれた。
一時は個体数が20羽を下回ったが、
現在では数百羽まで回復している」

ドールシープ(*Ovis dalli*) LC

セアカリスザル(*Saimiri oerstedii oerstedii*) EN

「最小のものの扱いが、社会の真の姿を測る」

アイアイ*(Daubentonia madagascariensis)* **EN**

「アイアイはマダガスカルに生息する夜行性のキツネザルの仲間だ。
撮影では、彼らの目を傷めないように特別な配慮をした。
カメラのフラッシュに赤外線ジェルを塗り、
私たちの目には見えないけれど、
カメラでは検知できる光だけが出るようにした。
撮影が行われたのは人間にとっては完全な暗闇の中だった。
あの状況でよくまともな写真が撮れたものだ」

アオツラミツスイの一亜種
(Entomyzon cyanotis griseigularis) LC

アオマルメヤモリ
(Lygodactylus williamsi) CR

メダマヤママユの一種(*Automeris* sp.)
右ページ：**コモリグモの一種**(*Hogna osceola*) NE

ミズダコ
(Enteroctopus dofleini) NE

「哺乳類を除けば、
海に住む動物の中では
最も頭がよい部類に入る。
もちろん、現在知られている
無脊椎動物の中では
一番かしこい」

BEHIND THE SCENES

撮影の舞台裏

シンガポール動物園

シンガポール

赤道付近に位置するシンガポール動物園は高温多湿で雷が多い。動物園が落雷にみまわれることもめずらしくなく、サートレイも近くにあった金属製の建物への落雷を目撃した。「とてもスリリングな体験だった。落雷直前の一瞬、ジージーと音が聞こえた」。雷の話はさておき、動物園のスタッフは万全の態勢で12日間、水生無脊椎動物からアジアゾウまで150種前後の動物の撮影を手伝ってくれた。フォト・アークの記念すべき6000番目の種、雄のテングザルの撮影が行われたのもこの場所だ。同動物園をはじめ、ジュロンバードパーク、ナイトサファリ、リバーサファリの計4カ所を運営するワイルドライフ・リザーブス・シンガポールは、野生動物の保護活動と、絶滅の危機に瀕している生物種の繁殖に取り組んでいる。

動物園は、ますます
保護センターになりつつある。
今や希少種を絶滅から守る
防波堤、本物の箱舟のようだ

屋外の広い飼育スペースで暮らすアジアゾウにエサをやるサートレイ。ここにはゾウが遊べる池も用意されている。

サルの撮影が行われている間、サートレイの息子コールはずっと飼育舎の屋根裏で待機していた。サートレイの指示に合わせて照明を操作していたのだ。結局、撮影終了までここで過ごすことになった。

ジャワジャコウネコ(*Viverra tangalunga*)は白いポリ塩化ビニール樹脂のボードの上で、すっかりくつろいでいた。

グラスキャットフィッシュの一種*(Kryptopterus vitreolus)* **NE**

ハリセンボン(*Diodon holocanthus*) LC

オウギガニ類の一種*(Panopeus herbstii)* **NE**
タイセイヨウマツカサウニ*(Eucidaris tribuloides)* **NE**

(*Panthera leo persica*) EN
ストライプフルーツコウモリ(*Styloctenium wallacei*) NT

白く生まれる ▲▼

各種生物のアルビノ、上段（左から）: **ネルソンミルクヘビ**(*Lampropeltis triangulum nelsoni*) NE、**オオカンガルー** (*Macropus giganteus*) LC
下段（左から）: **ブロンズガエル**(*Lithobates clamitans*) LC、**タイコブラ**(*Naja kaouthia*) LC
右ページ：**アカオノスリ**(*Buteo jamaicensis*) LC、色素は薄いが、アルビノではない。

「数千万年におよぶ
進化の歴史が、
私たちの目の前にある。
私たちはそこに
目を向けるだけでいい」

キンシコウ
(Rhinopithecus roxellana) EN

クロワシミミズク のヒナ *(Bubo lacteus)* LC

カクシツカイメン類の一種 *(Darwinella muelleri)* NE

ミナミアフリカダチョウ*(Struthio camelus australis)* LC
右ページ：**グラントシマウマ***(Equus quagga boehmi)* LC

助け合いの関係 ▲▼

アフリカの大草原ではさまざまな関係が生まれている。
背の高いダチョウが遠くにいる敵を見つけてくれるため、
シマウマたちはより長い時間草を食べていられる。
一方シマウマは、ダチョウが見落とすような
隠れて近づく敵の物音を聞き取れる。
ダチョウの鋭い視覚とシマウマの敏感な聴覚は、
お互いの身を天敵から守っている。

ウンピョウの子供*(Neofelis nebulosa)* VU

「私が撮影した動物たちは、
活発だったり、おとなしかったり、
臆病だったり、目立ちたがったり、
ぼんやりしていたり、
はしゃいだりしていた。
つまり、私たちと同じなんだ」

コウヒロナガクビガメ*(Chelodina expansa)* NE

ミュラーテナガザル*(Hylobates muelleri)* **EN**

「届く範囲が広いほど、生き残りには有利だ。
テナガザルは長い手を使って移動し、食べ物を集める。
ナガクビガメは長い首をヤリのように突き出して魚を捕まえる」

「これは 10 年以上前、
フォト・アークに加わった
最初の生き物だ」

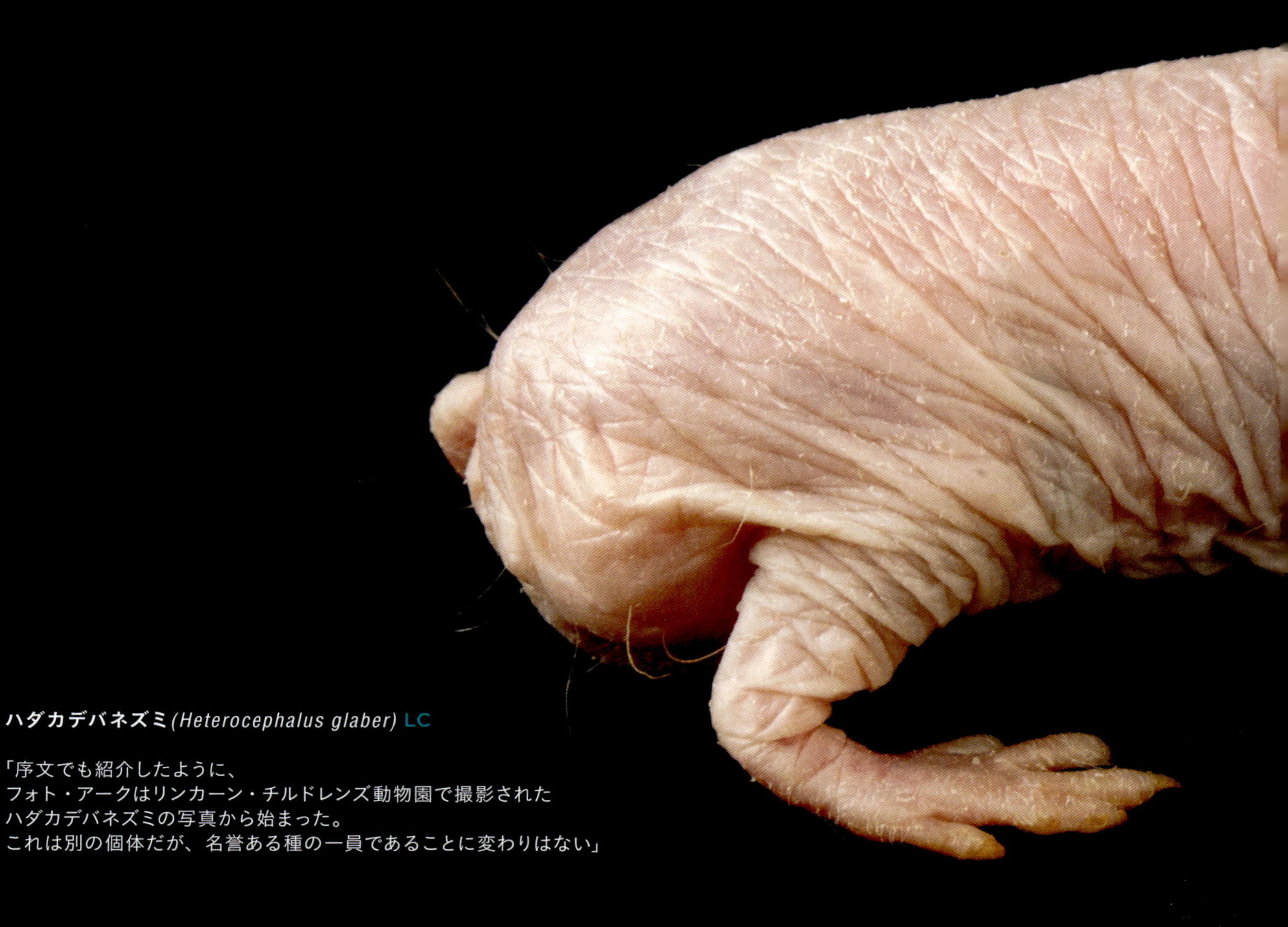

ハダカデバネズミ*(Heterocephalus glaber)* LC

「序文でも紹介したように、
フォト・アークはリンカーン・チルドレンズ動物園で撮影された
ハダカデバネズミの写真から始まった。
これは別の個体だが、名誉ある種の一員であることに変わりはない」

オウギバト*(Goura victoria)* NT

タコクラゲ*(Mastigias papua)* **NE**

アフリカヘラサギ*(Platalea alba)* **LC**

テングザル(*Nasalis larvatus*) **EN**

「この写真は一つの節目となった。
フォト・アークの記念すべき
6000種類目の動物だ」

テングカワハギ*(Oxymonacanthus longirostris)* VU

ワウワウテナガザル(*Hylobates moloch*) EN

エリマキトカゲ *(Chlamydosaurus kingii)* LC

このページのオタマジャクシ、上段（左から）：**アカメアマガエル属の一種***(Agalychnis hulli)* LC、**アイゾメヤドクガエル***(Dendrobates tinctorius)* LC、**サラヤクアマガエル***(Dendropsophus sarayacuensis)* LC
中段（左から）：**チリカワヒョウガエル***(Rana chiricahuensis)* VU、**サンルーカスフクロアマガエル***(Gastrotheca pseustes)* EN、**モリベニモンヤドクガエル***(Oophaga sylvatica)* NT
下段（左から）：**スナドケイアマガエル***(Dendropsophus ebraccatus)* LC、**ヤマキアシガエル***(Rana muscosa)* EN、**キマダラフキヤガマ***(Atelopus spumarius)* VU
右ページ：**孵化する前のアイゾメヤドクガエル（コバルトヤドクガエル型）***(Dendrobates tinctorius "azureus")* LC

絶滅の危機と闘う HEROES

ベッツィー・フィンチ

ラプターリカバリー（米国ネブラスカ州ベルビュー）

ネブラスカ州でケガをした猛禽類が見つかるたび、ベッツィー・フィンチのもとに電話が入る。彼女が設立したラプターリカバリーと、訓練された50人前後のボランティアで構成される同団体のネットワークは、州公認で猛禽類の保護にあたる唯一の組織だ。1976年にベッツィーが立ち上げ、「農地の真ん中のちょっとしたオアシス」になっているという。40年の歴史の中で約1万2600羽の鳥を保護してきた。

「ここに送られてくる鳥の95%は、何らかの人間の活動の影響を受けて傷ついた鳥たちで、原因のほとんどは衝突」だとフィンチは言う。翼をひどく骨折したイヌワシが運ばれてきたときは、視力にも問題があることにスタッフが気づいた。普通でも数カ月を要するリハビリは目の問題でさらに難航した。衝突による傷は骨が露出するほどひどかったため、手術が何回も繰り返され、慎重な世話が何カ月も続いた。「簡単に鳥たちを見捨てることはしない」とフィンチは言う。そのイヌワシは片方の翼が短くなってしまい、再び飛ぶまでに練習が必要だった。無事に自然に放したときには、治療開始から1年近く過ぎていたという。

2013年に同じネブラスカ州のオマハにあるネイチャーセンターのフォントネルフォレストと提携したおかげで、ラプターリカバリーは安定した財政基盤を確保できた。

現在では、支援を必要とする鳥の世話をしながら、それらの鳥たちを頻繁に公開しており、見学者は年間数千人にのぼる。「間近で鳥を見た人々の表情を眺めるのは楽しい」とフィンチは話す。ここで世話をされた野生の猛禽類をよく知ってもらうことで、鳥たちの生息環境を守ろうという人々の意識が高まると彼女は信じている。「何をするにも、人々の理解は欠かせないものだから」

強度の近視を患っているハヤブサを支えるベッツィー・フィンチ。
このハヤブサはオマハ都市部の高層ビルにかけられていた巣で育ったが、
視力が弱いせいでうまく巣立つことができなかった。

たとえ小さなことでも一つ行動すれば、
誰でも野生動物を救える
——ベッツィー・フィンチ

左ページ：**シロフクロウ**(*Bubo scandiacus*) LC

ズグロトサカゲリ(*Vanellus miles*) LC

コキサカオウム*(Cacatua sulphurea citrinocristata)* **CR**

「このつがいは、撮影中もせっせと
互いの羽づくろいをしていた」

フトカミキリの一種*(Moechotypa marmorea)* **NE**

ウシ（アンコーレ・ワトゥシ） *(Bos taurus"watusi")* NE

「角があまりに大きく、そのままでは家畜小屋の出入りができなかったが、
彼女はいったん頭を注意深く横に向けてから入り口を通るというわざを身につけていた」

「このサルの手が
人間そっくりに見えるところが
私はとても気に入っている」

コロンビアシロガオオマキザル(*Cebus versicolor*) EN

第 5 章 ▲▲

Stories of Hope
語り継ぐ希望

今、世界で多くの生物種の絶滅が進んでいる。過去の深刻な大量絶滅は、地球寒冷化や恐竜時代を終わらせたとされる隕石の衝突などを原因とする5回を数える。現在の状況はそれらに匹敵する「6度目の大絶滅」と表現されることもあるほどだ。この原因を作ったのは私たち人間だが、同時に大量絶滅に立ち向かう希望となるのも私たち人間だ。

人間は材木や農地を得るために森の木を切り倒し、豊かな鉱物資源を求めて地面を掘り返すことで、自然の生態系を破壊してきた。人間が出した排気ガスは大気の化学組成に影響を与え、地球の温暖化を招き、局地的な気候や動植物の生息環境に変化をもたらし、移動ルートを分断し、食料源を枯渇させる。私たちは美しいものや強いものを欲しがり、娯楽のためにすばらしい動物たちを捕まえたり、殺したりする。

今、私たちは自分たちがしてきたことを見つめ、この先に何ができるかを問い直している。あらゆる動物の中で、私たち人間は地球に対して一番大きな影響力を持つ。私たちの行動が招いた結果はすでに顕在化しているが、その影響を軽減し、地球を元の状態に近づけ、豊かな生物多様性を守るチャンスはまだ残っているかもしれない。それこそがフォト・アークの目指すところだ。

最終章となる本章では、一度は絶滅寸前まで追い込まれながら、保護活動によって救われた動物たちを取り上げる。これらの動物たちに今後の平穏が約束されているわけではない。しかし、人間が地球の生物多様性を守ることに目を向け、自然から学び、力を尽くしたときに、どんな結果が導かれるかを教えてくれる。

絶滅危惧種のリストにはいくつもの複雑な区分があり、何をもって「保護に成功」と判断すればよいのかはむずかしいところだ。国際自然保護連合(IUCN)が「近危急種(NT)」や「野生絶滅種(EW)」、完全な「絶滅種(EX)」までいくつものカテゴリーを設けているように、人間の介入によって守られた生物種にも何らかの区分があってよいのではないだろうか。

例えば、ハクトウワシ(*Haliaeetus leucocephalus*、75ページ)の保護活動は大きな成功を収め、人工繁殖で増えた個体がどんどん野生に戻されている。現在では、人工繁殖を中止しても絶滅の心配はないと思われる状況だ。個体数が回復しつつあるカリフォルニ

左ページ：**カンムリシロムク**(*Leucopsar rothschildi*) CR
カンムリシロムクはペットとしての販売目的で乱獲され、数が激減した。
人工繁殖プログラムよって野生に戻す試みが行われてきたが、そうでなければ絶滅していただろう。

341ページ：**アメリカアカオオカミの一亜種**(*Canis rufus gregoryi*) CR
米国魚類野生生物局は1987年、ノースカロライナ州東部の一部の地域に、飼育下で育ったアメリカアカオオカミを放獣した。
野生におけるアメリカアカオオカミの最大の脅威は、コヨーテや、本種とコヨーテの雑種との交雑だが、
今のところは持ちこたえている。

アコンドル(*Gymnogyps californianus*、352ページ)はまだ油断はできないものの、米国カリフォルニア州とアリゾナ州、およびメキシコで野生に戻された個体が自然に繁殖しているようだ。だが、絶滅の危機に直面し、保護によって個体数が横ばいあるいは増加している生物種は、多くが動物園や保護センター、水族館、個人の保護活動家の飼育下にあるのが現状だ。本書でも、英雄的な保護活動をしている人々のごく一部を紹介したが、さらに多くの人々が世界中で同様のすばらしい活動に取り組んでいる。

保護活動によって数が維持されている生物種と、野生で安全圏まで回復している生物種を同列に扱うことはできない。オランウータン、ゴリラ、トラ、ヒョウなど人気のある動物たちの多くは飼育下にあり、野生では絶望的な状況が続いている。一部の動物にとっては、ただでさえぎりぎりの状態にあった生息地が、人間による開発が進んでさらに縮小している。だからこそ世界中で野生の生態系を取り戻すための保護活動が重要になる。生態系を取り戻さなければ、動物たちを野生に返すことはできない。

動物園や水族館に収集されないような地味な生物の中には、自然保護区や国有林など守られた地域だけで個体数を細々と維持しているものがいる。森林や砂漠、ジャングル、海やサンゴ礁で、ごく限られた範囲だけでも生息地を確保すれば、そこで暮らす生物たちの自然環境を守ることができる。当然ながら、人間が引いた国境線を動物たちは知らない。多くの動物は、国家が法律で定めた境界線など意に介さず、長年使ってきた移動ルートをたどって進む。保護区の指定も大切かもしれないが、地球全体を健全な状態に近づけるために、できる限りのあらゆる取り組みを行っていくことが、動物にとっても、私たち人間にとっても、必要なのではないだろうか。

本章では、絶滅をまぬかれ、個体数が回復傾向にある動物たちの実例を紹介していく。これらの動物たちの物語は、きっと何かのヒントを与えてくれるだろう。

ブラジルの大西洋岸の森林に住むゴールデンライオンタマリン(*Leontopithecus rosalia*、348〜349ページ)は、主に数百年間続いた森林伐採とペット販売を目的とする乱獲が原因で、一時は絶滅寸前にまで至った。1990年代の調査では、野生の個体数は200匹前後という結果が出た。それから飼育と人工繁殖が行われ、生まれた子供たちが4カ所で野生に戻された。現在、野生の推定個体数は1000匹を超える。森林を再生する取り組みも功を奏し、現時点では野生の個体数は安定しているようだ。

長い脚で素早く歩く、飛べない鳥のグアムクイナ(*Hypotaenidia owstoni*、379ページ)は、太平洋のグアム島にしか生息しないが、20世紀に個体数が急激に減少した。1981年にはグアム島に約2000羽がいたが、10年もたたないうちにその数字はゼロになった。原因は島の外から持ち込まれて野生化したネコやヘビの可能性が高いと考えられている。グアムクイナは、グアム島の個人保護活動家のもとや米国内の動物園で飼育され、人工繁殖も行われている。ネコやヘビを侵入させないようにした島の一部区域にクイナを戻す試みは、今のところ成功していないが、今後も継続される予定だ。

アダックス(*Addax nasomaculatus*、356ページ)は砂漠に生きる有蹄類の一種で、サヘルからサハラにかけての地域を群れで移動して暮らしていた。だが、広範囲におよんだ干ばつによる草地の減少や、近隣の人口増加にともない食用として狩猟の対象となるなどいくつもの要因が重なり、絶滅の縁へと追いやられた。現在は、動物園や牧場、個人保護のもとで少なくとも1600匹が飼育されている。モロッコ、チュニジア、アルジェリアはアダックスを保護措置の対象とし、アルジェリアとエジプトではレイヨウの一種であるガゼルの狩猟を全面的に禁止している。自然に返す試みはまだ道半ばだが、この優雅な動物の保護はまだ手遅れではないはずだ。

物語がハッピーエンドを迎えたように思えても、主人公の動物たちがそのまま幸せでいられる保証はない。だが、私たちの子供や孫やその後の世代の時代が来たときに、さらに多くの希望を語り継ぐことができるように、私たちは全力でできる限りのことをやっていこう。それが、ナショナル ジオグラフィックのフォト・アーク・プロジェクトの最終目標だ。人々が立ち止まって現実を見つめ、未来について考え、思いを行動に移すきっかけを作ること。私たちは力を合わせて箱舟を建て、沈まないように踏ん張っている。これから紹介するのは、そうやって私たちが守っている生き物の一部だ。

オウボウシインコ(*Amazona guildingii*) VU

カリブ海に浮かぶ小さな島、
セントビンセントの固有種であるこの鳥は
絶滅の危機にさらされ続けてきた。
だが、保護活動と一般社会への宣伝作戦が
功を奏したのか、減少に歯止めが
かかってきたようだ。

カートランドアメリカムシクイ(*Dendroica kirtlandii*) NT

北米で最も希少な鳴禽（めいきん）類である
カートランドアメリカムシクイは、
樹高約3メートル以下のバンクスマツの
若い木に巣を作る。
バンクスマツは山火事が起きたときに種子が発芽するが、
消火活動が行われるようになって低木林ができなくなり、
すみかの大部分が失われた。
1980年代に消火活動を抑制すると
バンクスマツの発芽が進んだ。
植林の取り組みもあり、
この鳥は再び数を増やしている。

ゴールデンライオンタマリン

(Leontopithecus rosalia) EN

ブラジルの固有種ゴールデンライオンタマリンは、
一部の個体が保護管理下にある森林地帯に戻され、
種の長期的な生き残りに希望の光が見えてきた。
野生の3分の1は人工繁殖により誕生している。

クロアシイタチ *(Mustela nigripes)* EN

1979年まで、クロアシイタチは絶滅したと考えられていた。
主な獲物であるプレーリードッグが、北米での熱心な駆除とノミが媒介する伝染病とで激減し、
クロアシイタチもその余波を受けた。
人工繁殖で増やした個体を野生に戻す取り組みを続けたおかげで、
現在は数百匹が野生で暮らしている。

アラスカラッコ(*Enhydra lutris kenyoni*) EN

アラスカに少数が生息し、
毛皮目当ての乱獲にあいながらも生き延びてきた。
現在は米国魚類野生生物局の管理下にある。
彼らを補食するシャチや、石油汚染、密猟者、
漁業の網などの人間がもたらす危険に、
アラスカラッコはいまだ脅かされている。

カリフォルニアコンドル *(Gymnogyps californianus)* **CR**

今でこそ、米南西部の空を自由に飛び回るこの鳥の姿を見ることができるが、
これは集中的な人工繁殖プログラムで個体を増やし、
米国カリフォルニア州とアリゾナ州、およびメキシコで
野生に戻す活動を継続してきた結果だ。
1981年には20羽前後にまで激減したが、
現在、個体数は回復しつつある。

コサンケイ*(Lophura edwardsi)* **CR**

明るい赤色の顔、印象的な青みがかった黒い羽毛。
雄のコサンケイは堂々たる風格を備えている。
2000年のベトナム中部での目撃を最後に
野生では見つかっていないが、
ドンとアンのバトラー夫妻（150 ～ 151ページ）のように、
この種に生き延びるチャンスを与えようと
民間の保護活動家が繁殖に取り組んでいる。

アメリカモンシデムシ
(Nicrophorus americanus) CR

アパラチア山脈の東側に
生息するこの虫は、1920年代に個体数が
大幅に減少した。米国の
セントルイス動物園の人工繁殖
プログラムで数千匹が誕生し、
野生に返された。

若いアダックス_(Addax nasomaculatus)_ **CR**

アダックスは乱獲と生息地の減少によって
原産地であるアフリカのニジェールから
完全に姿を消したと思われていたが、
数年前にモーリタニアで足跡が発見され、
生存が期待されている。
現在も世界中の動物園や
個人の保護のもとで飼育が続けられており、
チュニジアでは飼育されている個体を
野生に返す試みが行われた。
彼らが生き延びるという希望の灯は
まだ消えていない。

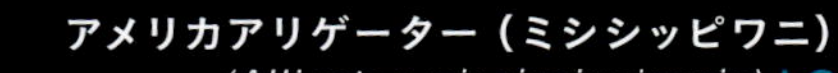

アメリカアリゲーター（ミシシッピワニ）

(Alligator mississippiensis) LC

アメリカアリゲーターは肉や皮を目当てに
1970年代まで乱獲され、
一時は絶滅の危機に瀕した。
教育プログラムと厳しい規制のおかげで
ワニは難を逃れ、個体数も回復し、現在では
絶滅の恐れはないとされている。

タカヘ*(Porphyrio hochstetteri)* **EN**

タカヘはニュージーランド固有種の飛べない鳥だ。
20世紀半ばにフィヨルドランドのマーチソン山脈で
わずかに生息するだけという状況に追い込まれた。
人工繁殖プログラムによってある程度の数が誕生し、
タカヘを補食する外来哺乳動物がいない
沖合いの島へと放されている。

クビワゴシキセイガイインコ(*Trichoglossus forsteni*) VU

このあざやかな色の鳥は、
もともとインドネシアの5つの島にしか
生息していなかった。
生息地が破壊され、
外来種のネズミやヘビが持ち込まれた結果、
多くの個体が犠牲になったが、
保護活動のおかげで現在の個体数は
安定している。

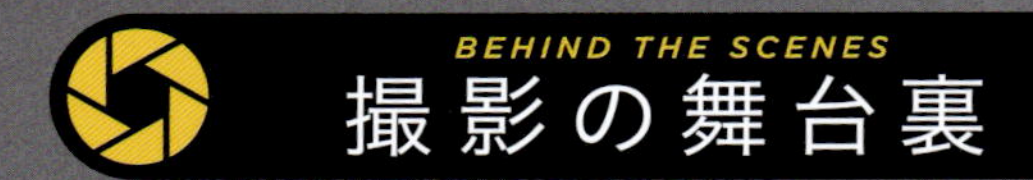

BEHINDE THE SCENES
撮影の舞台裏

リンカーン・チルドレンズ動物園

米国

しばらくの間、米国ネブラスカ州リンカーンの自宅で仕事をしようと決めたサートレイは、リンカーン・チルドレンズ動物園の園長兼CEOだった友人のジョン・チャポに電話をかけて、動物の撮影を申し込んだ。こうしてサートレイの家から1.5キロほど離れた動物園が、フォト・アーク誕生の地となった。最初の被写体として意表を突いたハダカデバネズミを提案したのは、学芸員のランディ・シーアだった。それ以来、彼はこの動物園で撮影のたびに手伝った。「ランディは不満を言ったことがない」とサートレイは笑みを浮かべる。「ランディは動物に蹴飛ばされ、かまれ、引っかかれ、ケガをさせられた。でも、彼は動物たちのことを一番に考えて行動するし、動物たちも彼のことをわかっている」とチャポは言う。「彼が現れると、コウノトリが求愛のダンスを始めるのを見ればわかるだろう」

フォト・アークは、
人生を動物の世話に捧げた
心優しい人々のためでもある。
彼らは100年を超えて進む、
生きた箱舟をつくっている

フラミンゴの群れ(68〜69ページ)の撮影をサポートする動物学芸員のランディ・シーア。「フラミンゴたちは絶えず小競り合い、大声で鳴き続けていた」とサートレイ。「相手を嫌いになったわけではなさそうなのに、お互いにがまんがならない様子だった。フラミンゴは群れで生活する社会性を持った鳥だが、ときに近くにいる相手を心から嫌っているような行動に出ることがある」

フタコブラクダのカリフにポーズをとらせようとするランディ・シーア。シーアはカリフにかまれ、あざまで作ったが、ラクダが彼の一番好きな動物であることに変わりはない。

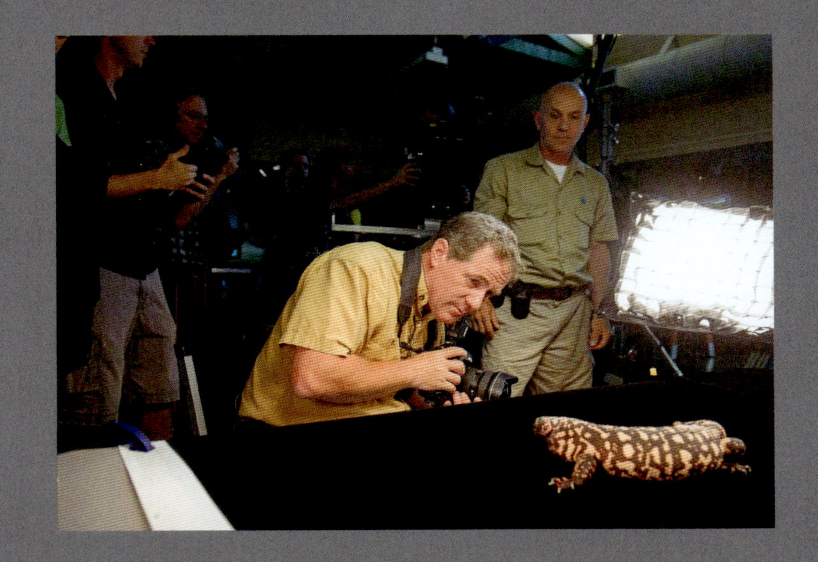

ランディ・シーアに見守られながら、アメリカドクトカゲの撮影の準備を進めるサートレイ。シェーアはサートレイが最初に一緒に仕事をした学芸員で、タフな男だ。「ランディはまちがいなく今回のプロジェクトで私を正しい方向に導いてくれた。彼は私に手早く撮影を終える方法を教えてくれた。そのおかげで動物たちに必要以上のストレスを感じさせずにすんだ。実際のところ、彼以上に優れた指南役はいない」とサートレイは言う。

家畜種のフタコブラクダ*(Camelus bactrianus)***、野生種はCR**

野生種のフタコブラクダ*(Camelus ferus)*は、
密猟や家畜種との食べ物の取り合いのために、絶滅の危機に瀕している。
飼育されているラクダは野生種が家畜化されたものだ。
この写真のラクダは家畜種で名前をカリフといい、
リンカーン・チルドレンズ動物園で学芸員のランディ・シーアと
特別な絆で結ばれていた。
カリフは2015年12月に老衰のためこの世を去った。
動物園園長のジョン・チャポは言う。
「ラクダたちが痛みを感じるときは、ランディも痛みを感じる。
ラクダが死ぬと、彼は悲しみにくれる」

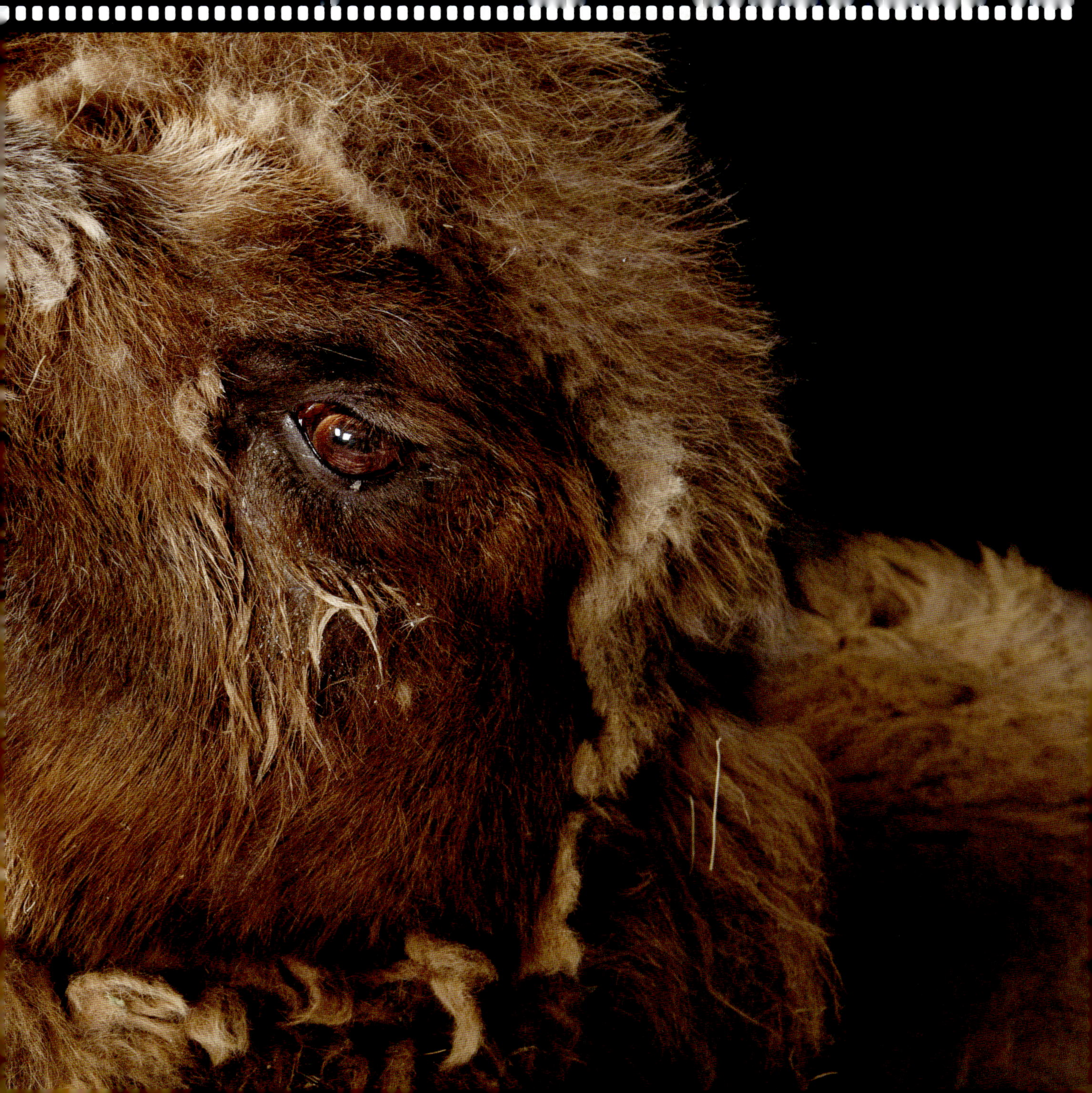

バンクーバーマーモット*(Marmota vancouverensis)* **CR**

このマーモットの仲間は、
カナダのバンクーバー島の高山帯の草原に生息している。
2003年に野生で確認されたのはたった30匹だった。
人工繁殖や野生に返す試みなどの保護活動によって
状況は改善の兆しを見せ、
2015年には野生に300匹前後が
生息すると推定された。

グリズリー（ハイイログマ） *(Ursus arctos horribilis)* LC

ヒグマの一亜種であるグリズリーは
カナダと米国のアラスカに相当数が生息している。
2007年、米国魚類野生生物局は
イエローストーン国立公園に生息するグリズリーの
個体群を絶滅危惧種指定から解除した。
人間のグリズリーに対する扱いを思えば、
クマは人間に対して非常に辛抱強いように思える。
撃たれる心配のない地域でなら、
彼らもうまく暮らしていけるだろう。

ヌビアダマガゼル(*Nanger dama ruficollis*) **CR**

ニジェールのサッカー代表チームの愛称にも選ばれた
優美なダマガゼルは、アフリカのサハラ、
サヘル地域のほとんどで姿を消した。
原因は狩猟の標的になったことと、
生息地を奪われたことだ。
現在では、個体数を回復させるための
人工繁殖プログラムが行われている。

ハヤブサ(*Falco peregrinus*) LC

北米のハヤブサはサクセスストーリーの主人公だ。
20世紀に農薬のDDTが使用された影響で
ハヤブサの卵の殻が薄く割れやすくなり、
1970年に絶滅危惧種に指定された。
1972年にDDTが禁止されると個体数は増え始め、
1999年には絶滅危惧種の指定から外れた。
2007年の個体数調査では、
40年間の増加率が2600パーセントに
達するという結果が示されている。

アオキコンゴウインコ(*Ara glaucogularis*) **CR**

カラフルな色のために損をする鳥もいる。
このボリビア固有種のインコは
ペットとしての販売用に乱獲され、
1980年代に激減したが、
効果的な保護措置とほぼ全面的な
販売禁止によって希望が芽生えている。

ハワイガン*(Branta sandvicensis)* VU

このガンの仲間はハワイの固有種で、
現地の言葉でネネと呼ばれる。
狩猟と外来生物による捕食の影響で
深刻な個体数の減少に見舞われた。
しかし、野生復帰プロジェクトによって
これまでに2400羽が野生に返され、
個体数は現在も増え続けている。

「ある種が終わりを迎える
いわれなどない。
あなたの行動が彼らを守る。
私たち一人ひとりが現実を
変える力を持っているし、
その効果は続く」

モウコノウマ*(Equus ferus przewalskii)* **EN**

ありふれたウマのように見えるが、
家畜のウマとモウコノウマの間にはささやかながらも決定的なちがいがある。
この動物は、野生種のウマの最後の生き残りなのだ。
アジアの大草原に生息していたモウコノウマは
野生では絶滅したと考えられていたが、繁殖プログラムと、
生まれた個体を生息地に戻す試みのおかげで現在まで生き長らえてきた。
フランス中央部には半野生化したモウコノウマの大規模な群れがいる。
そこは隔離された保護区で、飼育下で増えた動物を
自然に返すために利用されることが多い。

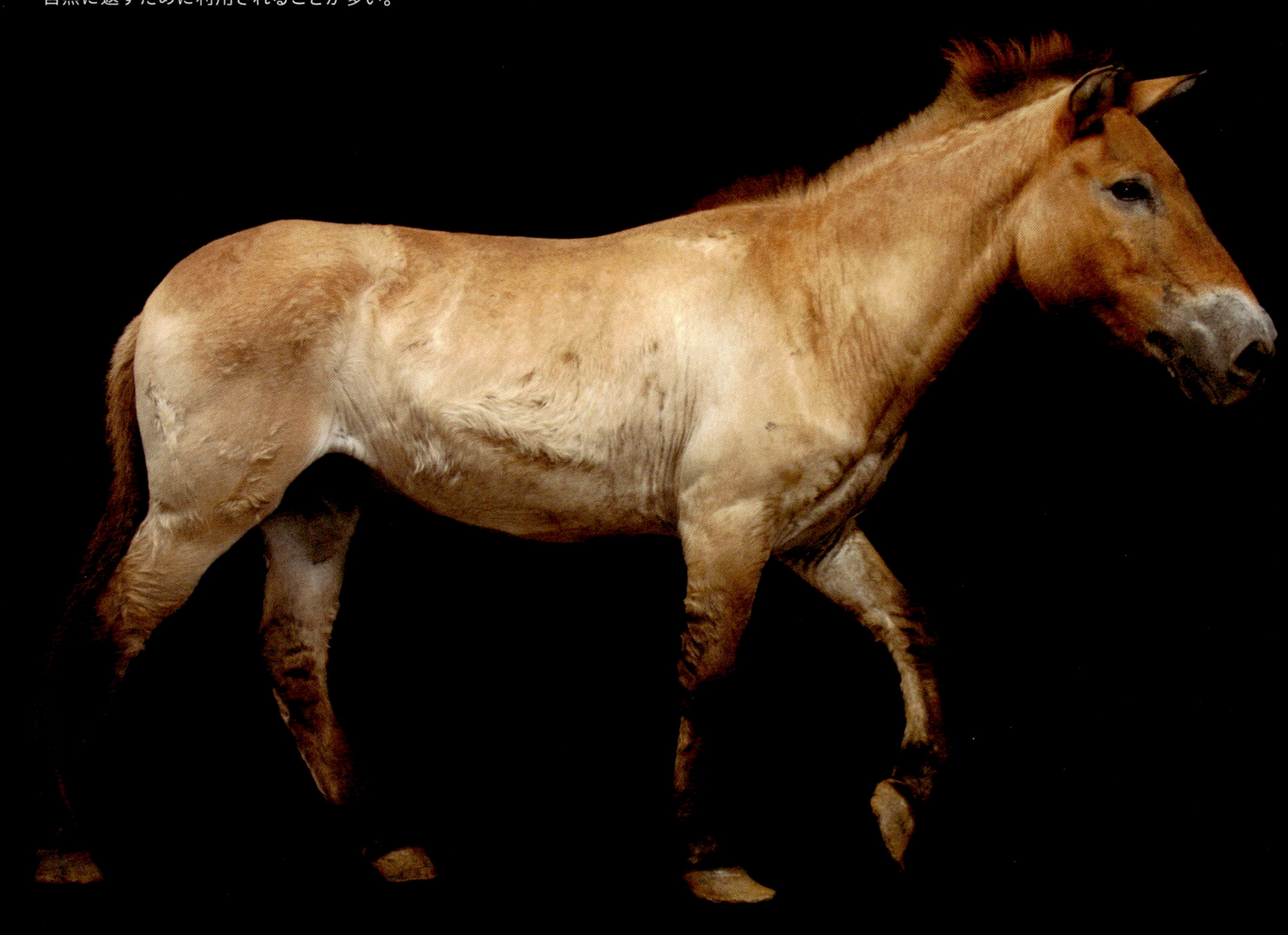

ボンテボック(*Damaliscus pygargus*) LC

南アフリカの西ケープ州に立つ数軒の農家が
ボンテボックを絶滅の縁から救ったのは、
1900年代半ばのことだ。
それ以来、土地の所有者が自分の土地で
ボンテボックを育て、
より確かな未来への道を開いた。

イエローフィンマッドトム*(Noturus flavipinnis)* VU

126 ～ 127ページで紹介したように、
この種はすでに絶滅したと考えられていた。
コンサベーションフィッシャリーの活動のおかげで、
この魚は本来の生息地であるテネシー川上流の水系で
居場所を取り戻しつつある。

カッショクペリカン(*Pelecanus occidentalis*) LC

迫力のある海鳥カッショクペリカンは、
農薬による生息環境の汚染が原因で
絶滅寸前にまで追いやられ、
1970年に米国で絶滅危惧種とされた。
しかし2009年には指定から外され、
現在では50万羽以上のカッショクペリカンで
海岸地域の空はにぎわっている。

フロリダパンサー *(Puma concolor coryi)* LC

1995年の時点で、
野生に生息するフロリダパンサーはわずか30匹ほどだった。
近親交配を避けてより健全な個体を誕生させ、
遺伝的多様性を向上させるため、
9匹の雌が米国のテキサス州から
フロリダ州南部に放たれた。

フエコチドリ(*Charadrius melodus*) **NT**

海岸に生息するフエコチドリは、
開けた砂地や砂利地に巣を作るが、
不幸にも混雑したビーチや道路脇、
あるいは作業中の採石場を
営巣地に選ぶことが少なくない。
だが、1990年代に保護活動が始まってからは、
個体数の減少は食い止められている。

グアムクイナ(*Hypotaenidia owstoni*) EW

名前の通り太平洋のグアム島の固有種であるグアムクイナは、
長い脚で歩く、飛べない小型の鳥だ。
野生ではすでに絶滅したが、
動物園や個人の保護によって飼育が続けられている。
最近、保護活動家がグアム島に近い2つの島に
数羽のグアムクイナを放す試みを行った。

アオコンゴウインコ*(Cyanopsitta spixii)* **CR**

頭は灰色がかった青、翼と体はあざやかな青。
アオコンゴウインコはペット販売を目的とした乱獲に直面した。
野生では2000年以降見つかっていないが、
繁殖プログラムによって誕生した個体と、
個人が飼育する個体を合わせると100羽前後がいる。

アムールヒョウ_(Panthera pardus orientalis)_ VU

世界で最も希少な大型ネコ科動物のアムールヒョウは、
極東ロシアに生息するヒョウの亜種だ。
絶滅の危機に瀕しているが、
保護活動が一定の成功を収めている。
「生態系の頂点にいる彼らは、特に怖がる様子もなく、
私とカメラのところまで来ようとした。
もっとも、安全のためにカメラは囲いの外に設置してあったが」

スマトラトラ*(Panthera tigris sumatrae)* CR

トラの亜種の中でも生息数が
世界で最も少ないとされるスマトラトラは、
毛皮や骨などの違法取引や、生息地の分断、
人間との軋轢（あつれき）などにより深刻な打撃を受けた。
現在、インドネシアのスマトラ島において
野生での個体数はわずか250匹ほどだ。
動物園を除き、野生のスマトラトラは
今後50年以内に絶滅するだろう。

フクロウオウム *(Strigops habroptilus)* CR

現地の言葉ではカカポとも呼ばれる。
シロッコと名づけられた写真の個体は、
刷り込みによって人間を
親だと考えており、
天敵がいないニュージーランドの島で
過ごしたり、あちこちの動物園や
ネイチャーセンターを
回ったりしている。
「彼は教育的価値を持った
すばらしい外交官だ」

スマトラオランウータン*(Pongo abelii)* CR

インドネシアのスマトラ島では森林伐採や開発が進み、熱帯雨林が農場に変わった。
そのため、スマトラオランウータンは絶滅寸前の状況におちいっている。
「このオランウータンはとてもおとなしかった。なめらかな白い紙の上にいる彼女と同じ部屋にいたことを思い出すよ。
撮影中、私はずっと考えていた。彼女はその瞳の奥で何を思うのだろうかと」

メキシコオオカミ(*Canis lupus baileyi*) LC

ハイイロオオカミの亜種であるメキシコオオカミは、最近まで絶滅の危機に瀕していた。野生の個体はメキシコにわずかに残っているだけだったが、人工繁殖と個体を野生に戻す試みのおかげで、米国内でも数が増えてきている。

写真が完成するまで

Making *the* Photographs

フォト・アークの撮影は、黒または白の背景と、適切な照明設備を用意し、そこに動物を連れてくるところから始まる。相手が小型の動物なら話は簡単だ。壁から足元まで周囲を白か黒で統一した空間に入れてしまえばそれですむ。たいていの場合は、柔らかい布製の撮影用テントを使った。中にいる動物にはカメラのレンズしか見えない。体が大きくて臆病な動物、例えばシマウマやサイ、ゾウなどの場合は、背景を設置し、自然光で撮ることが多かった。基本的に足元には何も敷かなかった。動物がおびえたり、足を滑らせたりする心配があるからだ。その場合、足元は撮影しないか、または後から画像ソフトのフォトショップで床を黒くした。

被写体の多くは生まれてからずっと人間と過ごしてきたため、撮影中も落ち着いていた。それでも撮影はできるだけ短時間で終えたかったので、背景が土やゴミで汚れてもそのまま掃除はせずに撮影を続け、後にフォトショップで修正した。

狙いは、黒一色か白一色を背景に、しっかりピントを合わせて動物の姿をくっきりと表現することだった。余計な要素は写真からすべて排除し、本質だけを見てもらうためだ。

内側を白や黒の布で覆ったこの撮影用テントのおかげで、小型動物の撮影は安全かつスピーディに進む。

修正前：一番の目標は、撮影を短時間で終えて、動物になるべくストレスを与えないことだ。そのため、背景は撮影後にデジタル処理できれいにする。

修正後：最終的に仕上がった作品がこちら。土汚れやフン、布の境目などを編集ソフトで処理して消した。

修正前：神経質な動物や大型動物が被写体のときは、動物の目に付くように、黒い壁を撮影予定日のかなり前から設置した。

修正後：フォトショップで地面の色を黒く補正し、撮影時に臆病な動物の足元にあったものをすべて消した。

フォト・アークとは

About *the* Photo Ark

今、地球上では多数の生物が姿を消そうとしている。生物種の絶滅は恐ろしいほどの勢いで進んでいる。ナショナル ジオグラフィックと著名な写真家ジョエル・サートレイが彼らを守る方法の模索に全力で取り組む理由はそこにある。ナショナル ジオグラフィックのフォト・アークは、飼育されているすべての生物種を記録に残そうという意欲あふれるプロジェクトだ。人々に関心を持ってもらうだけでなく、未来の世代にこれらの動物たちを残そうと訴える。撮影がすべて終われば、フォト・アークはこれらの動物の存在を示す貴重な記録になり、彼らを守ることの大切さを示す強力な証となるだろう。このプロジェクトを支援したい方のために、natgeophotoark.org(英語)に詳しい情報が公開されている。

エボシカメレオン*(Chamaeleo calyptratus)* LC

著者と協力者の紹介
About *the* Author *and* Contributors

ジョエル・サートレイ

写真家、著述家、教師、保護活動家、ナショナル ジオグラフィック フェロー。ナショナル ジオグラフィック誌を中心に活躍している。彼の特徴はユーモアのセンスと堅実な米国中西部気質だ。主に取り組むのは、世界中で絶滅の危機に瀕している生物と、消え去ろうとしている風景の記録だ。完成まで25年を予定して進められてきた生物とその生息環境を守るためのドキュメンタリープロジェクト、フォト・アーク（写真版ノアの箱舟）の発案者でもある。ナショナル ジオグラフィック誌以外にも、オーデュボン、スポーツ・イラストレイテッド、ニューヨーク・タイムズ・マガジン、スミソニアンなどの雑誌に登場し、写真集も多数出版。撮影旅行で世界中を飛び回る生活だが、妻キャシーと3人の子供たちが待つ米国ネブラスカ州リンカーンの自宅に帰るのをいつも楽しみにしている。

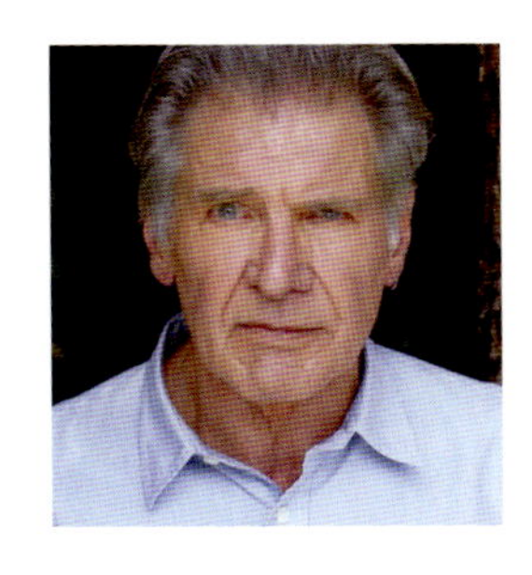

ハリソン・フォード

コンサベーション・インターナショナルの副理事長を務める熱心な自然保護活動家。俳優。同組織には、25年間にわたり理事として携わってきた。国際的な保護活動が果たせなければ、国家の安全保障や経済の安定が脅かされるという直接的な因果関係に対する意識を高めるべく、政府や経済界のトップにはたらきかけている。「人間が幸せでいられるかどうかは、私たちを生かしてくれる自然にかかっている。自然は人間を必要としないが、人間が生き延び、繁栄していくためには、自然が必要だ」

ダグラス・H・チャドウィック

北米のロッキー山脈に生息するシロイワヤギやグリズリー、イタチ科の一種であるクズリ、シノリガモなど野生生物を研究する生物学者。ナショナル ジオグラフィックの取材のために、ヒマラヤ山脈からコンゴ盆地、グレートバリアリーフまで世界中を旅するジャーナリストでもある。著書は13冊、雑誌への寄稿記事は数百本。米国西部とカナダで野生動物の生息地を守ることを目的に土地信託として活動するバイタル・グラウンド財団の創設メンバーの一人。世界的に保護プロジェクトへの財政的支援を行っているリズ・クレイボーン・アート・オルテンベルク財団の顧問も務める。

謝辞
Acknowledgments

実に数千人におよぶ協力者の方々に、どうすればこの限られたスペースで感謝を伝えられるだろう？どう考えても無理なようだが、これだけは言わせてほしい。動物園、水族館、野生動物保護センターの職員のみなさん、個人保護活動家の方々には、長年大切に辛抱強く世話をしてきた動物の撮影を許してくれたことに、心から感謝する。読者の近くにこのような施設があれば、ぜひ応援してほしい。これらの場所にいる人々は、ほとんどが絶滅の危機と最前線で闘っている。

フォト・アークを財政面で支援してくれた方々にもお礼を言いたい。個人の支援者に加え、ナショナル ジオグラフィック協会、ディフェンダー・オブ・ワイルドライフ、コンサベーション・インターナショナル、海洋保全協会、全米オーデュボン協会ほか、多数の団体から支援を受けた。

今回のプロジェクトの長年の協力者、科学アドバイザーのピエール・ド・シャバンヌやジョエル・サートレイ・フォトグラフィーのスタッフにも感謝している。それから1年のうち半分以上は家をあける生活を認めてくれる妻キャシー、娘エレン、息子のスペンサーにも感謝の気持ちを伝えたい。もう一人の息子コールは、誰よりも数多くの撮影旅行に同行してくれた。ありがとう。最後になるが、私に自然を愛する心を与え、勤勉であることの大切さを教えてくれた父ジョン・サートレイと母シャロン・サートレイにもお礼を言いたい。私が順調なスタートを切れたのは両親のおかげだ。

すべてのみなさんに心から感謝している。

――ジョエル・サートレイ

アフリカオオコノハズク(*Ptilopsis leucotis*) LC

動物索引

Index *of* Animals

1: ジャイアントパンダ　アトランタ動物園（米国ジョージア州）　www.zooatlanta.org
4-5: マレートラ　オマハズ・ヘンリー・ドーリー動物園（米国ネブラスカ州）
www.omahazoo.com
6: シュミットグエノン　ヒューストン動物園（米国テキサス州）　www.houstonzoo.org
7: アンデスコンドル　ローリーパーク動物園（米国フロリダ州）
www.lowryparkzoo.com
8: キタエロンフタオチョウ　オマハズ・ヘンリー・ドーリー動物園（米国ネブラスカ州）
www.omahazoo.com
9: インドブッポウソウ　サンタバーバラ動物園（米国カリフォルニア州）
www.sbzoo.org
10: ボルネオオランウータン　ヒューストン動物園（米国テキサス州）
www.houstonzoo.org
10: スマトラオランウータンとボルネオオランウータンの交配種
ヒューストン動物園（米国テキサス州）　www.houstonzoo.org
12: アンティルマナティー　ダラス・ワールド水族館（米国テキサス州）www.dwazoo.com
13: カリフォルニアアシカ　ヒューストン動物園（米国テキサス州）www.houstonzoo.org
14-15: ブラジルニジボア　グレートプレーンズ動物園（米国サウスダコタ州）
www.greatzoo.org
16: インドサイ　フォートワース動物園（米国テキサス州）　www.fortworthzoo.org
25: メガネケワタガモ　アラスカ・シーライフ・センター（米国アラスカ州）
www.alaskasealife.org
26: マンドリル　グラディス・ポーター動物園（米国テキサス州）　www.gpz.org
27: シロヘリミドリツノカナブン　セントルイス動物園（米国ミズーリ州）　www.stlzoo.org
28-29: コヨーテ　ネブラスカ・ワイルドライフ・リハブ（米国ネブラスカ州）
www.nebraskawildliferehab.org
30: ノドチャミユビナマケモノ　パンアメリカン・コンサベーション・アソシエーション（パナマ）
www.panamericancon.org

合わせ鏡

35: ミューレンバーグイシガメ　アトランタ動物園
（米国ジョージア州）　www.zooatlanta.org
35: インカサンジャク　ヒューストン動物園（米国テキサス州）
www.houstonzoo.org
36: マダガスカルトキ　オマハズ・ヘンリー・ドーリー動物園（米国ネブラスカ州）　www.omahazoo.com
38: トラアシネコメガエル　ボルチモア国立水族館
（米国メリーランド州）　www.aqua.org
39: ベンガルスローロリス　クックフーン国立公園
絶滅危惧霊長類保護センター（ベトナム）
www.cucphuongtourism.com
40: マンドリル　個人飼育
41: ハイイロシロアシマウスの一亜種
米国魚類野生生物局コンサベーション・オフィス
（米国フロリダ州）　www.fws.gov/panamacity

アミメキリン *(Giraffa camelopardalis reticulata)* VU

42-43: ヘサキリクガメ　アトランタ動物園
（米国ジョージア州）　www.zooatlanta.org
44: カマキリの一種　オークランド動物園（ニュージーランド）
www.aucklandzoo.co.nz
45: ホッキョクギツネ　グレート・ベンド＝ブリット・スポー動物園（米国カンザス州）
www.greatbendks.net
46: メガネフクロウ　個人飼育
47: ブラッザグエノン　オマハズ・ヘンリー・ドーリー動物園（米国ネブラスカ州）
www.omahazoo.com
48-49: フナシセイキチョウ　ゴロンゴーザ国立公園（モザンビーク）www.gorongosa.org
50: イカリオイデスヒメシジミ
鱗翅目・生物多様性マクガイアーセンター（米国フロリダ州）
www.flmnh.ufl.edu/mcguire
50: ロスチャイルドヤママユの一種　セントルイス動物園（米国ミズーリ州）
www.stlzoo.org
50: オオネジロフタオチョウ
オマハズ・ヘンリー・ドーリー動物園（米国ネブラスカ州）　www.omahazoo.com
50: マルバネカラスシジミの一種　鱗翅目・生物多様性マクガイアーセンター
（米国フロリダ州）www.flmnh.ufl.edu/mcguire
50: エガーモルフォ（ギナンドロモルフ）
鱗翅目・生物多様性マクガイアーセンター（米国フロリダ州）
www.flmnh.ufl.edu/mcguire
50: キアニリスルリツヤタテハ　オマハズ・ヘンリー・ドーリー動物園（米国ネブラスカ州）
www.omahazoo.com
50: キマダラカバイロドクチョウ　セントルイス動物園（米国ミズーリ州）www.stlzoo.org
50: エゾスジグロシロチョウ（北米亜種）　クロスレイク（米国ミネソタ州）
50: トラフアゲハ　リンカーン（米国ネブラスカ州）
51: コモンタイマイ　オーデュボン・バタフライガーデン・昆虫館（米国ルイジアナ州）
www.audubonnatureinstitute.org
51: ペレイデスモルフォ　オーデュボン・バタフライガーデン・昆虫館（米国ルイジアナ州）
www.audubonnatureinstitute.org
51: ルリツヤタテハ　ミネソタ動物園（米国ミネソタ州）　www.mnzoo.org
51: ミナミシロチョウ　リンカーン・チルドレンズ動物園（米国ネブラスカ州）
www.lincolnzoo.org
51: オナシアゲハ　国立植物園（ドミニカ共和国）
51: ウスベニタテハ　グラディス・ポーター動物園（米国テキサス州）　www.gpz.org
51: ヒョウモンドクチョウ（北米亜種）グラディス・ポーター動物園（米国テキサス州）
www.gpz.org
51: メガネトリバネアゲハ　オマハズ・ヘンリー・ドーリー動物園（米国ネブラスカ州）
www.omahazoo.com
51: ミドリタテハ　グラディス・ポーター動物園（米国テキサス州）　www.gpz.org
52-53: チンパンジー　ローリーパーク動物園（米国フロリダ州）
www.lowryparkzoo.com
54: トキイロコンドル　グラディス・ポーター動物園（米国テキサス州）www.gpz.org
55: スマトラサイ　ホワイトオーク・コンサベーションセンター（米国フロリダ州）

キュビエムカシカイマン *(Paleosuchus palpebrosus)* LC

www.whiteoakwildlife.org
56: スナヒトデ属の一種　湾岸生物研究センター・水族館（米国フロリダ州）
www.gulfspecimen.org
56: ルソンヒトデ属の一種　湾岸生物研究センター・水族館（米国フロリダ州）
www.gulfspecimen.org
58: アフリカヒョウ　ヒューストン動物園（米国テキサス州）　www.houstonzoo.org
59: ハワイミミイカ　モントレーベイ水族館（米国カリフォルニア州）
www.montereybayaquarium.org
60-61: フランソワルトン　オマハズ・ヘンリー・ドーリー動物園（米国ネブラスカ州）
www.omahazoo.com
62: シカアシカワボタン　ミズーリ州立大学（米国ミズーリ州）
63: マルメタピオカガエル　ボルチモア国立水族館（米国メリーランド州）
www.aqua.org
64: ヒワコンゴウインコ　トレーシー鳥類園（米国ユタ州）　www.tracyaviary.org
65: ミドリコンゴウインコ　デンバー動物園（米国コロラド州）　www.denverzoo.org
66: ダイオウグソクムシ　バージニア水族館（米国バージニア州）
www.virginiaaquarium.com
67: マタコミツオビアルマジロ　リンカーン・チルドレンズ動物園（米国ネブラスカ州）
www.lincolnzoo.org
68-69: ベニイロフラミンゴ　リンカーン・チルドレンズ動物園（米国ネブラスカ州）
www.lincolnzoo.org
70: アフリカンロックモニター　カンザスシティ動物園（米国ミズーリ州）
www.kansascityzoo.org
71: フクロシマリス　オマハズ・ヘンリー・ドーリー動物園（米国ネブラスカ州）
www.omahazoo.com
72: ウメボシイソギンチャク科の一種　湾岸生物研究センター・水族館（米国フロリダ州）
www.gulfspecimen.org
73: ホオジロカンムリヅルの一亜種
カンザスシティ動物園（米国ミズーリ州）　www.kansascityzoo.org
74: ベンガルヤマネコの一亜種　個人飼育
75: ハクトウワシ　ジョージ・ミクシュ・サットン鳥類研究所（米国オクラホマ州）
www.suttoncenter.org
78-79: アメリカバイソン　オクラホマシティ動物園（米国オクラホマ州）
www.okczoo.org
80: メムノンフクロウチョウ　オーデュボン・バタフライガーデン・昆虫館（米国ルイジアナ州）
www.audubonnatureinstitute.org
81: アメリカワシミミズク　ラプターリカバリー（米国ネブラスカ州）
www.fontenelleforest.org/raptor-recovery
82-83: アジアアロワナ　テネシー水族館（米国テネシー州）　www.tnaqua.org
84: アカハラキツネザル　デューク大学キツネザル研究所（米国ノースカロライナ州）
lemur.duke.edu
85: アオメクロキツネザル　デューク大学キツネザル研究所（米国ノースカロライナ州）
lemur.duke.edu
86: バッタの一種（上段左）　スプリングクリーク・プレーリー（米国ネブラスカ州）
86: バッタの一種（上段中）　スプリングクリーク・プレーリー（米国ネブラスカ州）
86: バッタの一種（上段右）　スプリングクリーク・プレーリー（米国ネブラスカ州）
86: トビバッタの一種　シンシナティ動物園（米国オハイオ州）
www.cincinnatizoo.org
86: キリギリスの一種（中段中）オマハズ・ヘンリー・ドーリー動物園（米国ネブラスカ州）
www.omahazoo.com
86: イナゴの一種　オーデュボン自然研究所（米国ルイジアナ州）
www.audubonnatureinstitute.org
86: キリギリスの一種（下段左）　ダラス動物園（米国テキサス州）
www.dallaszoo.com
86: クダマキモドキの近似種 ガンボア（パナマ）
86: バッタの一種（下段右）　スプリングクリーク・プレーリー（米国ネブラスカ州）
87: スジエビ属の一種　セッジ島天然資源教育センター（米国ニュージャージー州）
www.njfishandwildlife.com/sedge.htm
87: ヒゲナガモエビ属の一種　コロンバス動物園・水族館（米国オハイオ州）
www.columbuszoo.org
87: モンハナシャコ　モントレーベイ水族館（米国カリフォルニア州）
www.montereybayaquarium.org
87: シロボシアカモエビ　ネブラスカ・アクアティック・サプライ（米国ネブラスカ州）
www.nebraskaaquatic.com
87: ヤドリイバラモエビ　アラスカ・シーライフ・センター（米国アラスカ州）
www.alaskasealife.org
87: エビジャコ属の一種　セッジ島天然資源教育センター（米国ニュージャージー州）
www.njfishandwildlife.com/sedge.htm
87: ヒメヌマエビ亜科の一種　ピュア・アクアリウムス（米国ネブラスカ州）
87: コトブキテッポウエビ　ピュア・アクアリウムス（米国ネブラスカ州）
87: トヤマエビ　アラスカ・シーライフ・センター（米国アラスカ州）
www.alaskasealife.org
88-89: イボイノシシ　コロンバス動物園・水族館（米国オハイオ州）www.columbuszoo.org
90: キノボリセンザンコウ　パンゴリン・コンサベーション（米国フロリダ州）
www.pangolinconservation.org
91: コビトカバ　オマハズ・ヘンリー・ドーリー動物園（米国ネブラスカ州）
www.omahazoo.com
92: ベトナムコケガエル　ヒューストン動物園（米国テキサス州）
www.houstonzoo.org
93: メキシコキノボリヤマアラシ フィラデルフィア動物園（米国ペンシルベニア州）
www.philadelphiazoo.org
94: デラクールラングール　クックフーン国立公園絶滅危惧霊長類保護センター
（ベトナム）　www.cucphuongtourism.com
95: マレーバク　オマハズ・ヘンリー・ドーリー動物園（米国ネブラスカ州）
www.omahazoo.com
96-97: スタンディングヒルヤモリ　プルゼニ動物園（チェコ共和国）
www.zooplzen.cz
98: オオクビワコウモリ　ネブラスカ・ワイルドライフ・リハブ（米国ネブラスカ州）
www.nebraskawildliferehab.org
99: ウンピョウ　ヒューストン動物園（米国テキサス州）　www.houstonzoo.org
100: ヘリスジヤシハブ　ヒューストン動物園（米国テキサス州）www.houstonzoo.org
101: ハリモグラ　メルボルン動物園（オーストラリア）
www.zoo.org.au/melbourne

102-103: キバラガメ　リバーバンクス動物園（米国サウスカロライナ州）
www.riverbanks.org
104: サイチョウの一亜種　シンシナティ動物園（米国オハイオ州）
www.cincinnatizoo.org
105: クロハシヒムネオオハシ　ダラス・ワールド水族館（米国テキサス州）
www.dwazoo.com
106: ミミナガバンディクート　ドリームワールド（オーストラリア）
www.dreamworld.com.au
106: アカカンガルー　ローリングヒルズ動物園（米国カンザス州）
www.rollinghillszoo.org
106: トビウサギ　オマハズ・ヘンリー・ドーリー動物園（米国ネブラスカ州）
www.omahazoo.com
106: アカキノボリカンガルー　リンカーン・チルドレンズ動物園（米国ネブラスカ州）
www.lincolnzoo.org
107: ヨツユビトビネズミ　プルゼニ動物園（チェコ共和国）　www.zooplzen.cz
108-109: ジャガランディ　ベアクリーク・ネコ科動物センター（米国フロリダ州）
www.bearcreekfelinecenter.org
110: ジャイアントパンダ　アトランタ動物園（米国ジョージア州）　www.zooatlanta.org
111: ヨウジウオの一種　ダラス・ワールド水族館（米国テキサス州）　www.dwazoo.com
112: サハラツノクサリヘビ　レプタイル・ガーデンズ（米国サウスダコタ州）
www.reptilegardens.com
113: ミナミジェレヌク　ロサンゼルス動物園（米国カリフォルニア州）　www.lazoo.org
114-115: キタオポッサム　ネブラスカ・ワイルドライフ・リハブ（米国ネブラスカ州）
www.nebraskawildliferehab.org
116: ミナミザリガニ属の一種　ヒールズビル野生動物保護区（オーストラリア）
www.zoo.org.au/healesville
117: ニセハナマオウカマキリ　オマハズ・ヘンリー・ドーリー動物園（米国ネブラスカ州）
www.omahazoo.com
118: カラカル　コロンバス動物園・水族館（米国オハイオ州）　www.columbuszoo.org
119: シルバーマーモセット　プルゼニ動物園（チェコ共和国）　www.zooplzen.cz
120-121: ケニアスナボア　セジウィック郡動物園（米国カンザス州）　www.scz.org
122: ビントロング　ヒューストン動物園（米国テキサス州）　www.houstonzoo.org
123: シラヒゲウミスズメ　シンシナティ動物園（米国オハイオ州）　www.cincinnatizoo.org
124: コマツグミ　個人飼育
125: テキサスドウクツサンショウウオ　デトロイト動物園（米国ミシガン州）
www.detroitzoo.org
126: ボルダーダーター　コンサベーションフィッシャリー（米国テネシー州）
www.conservationfisheries.org
128: シロイワヤギ　シャイアンマウンテン動物園（米国コロラド州）　www.cmzoo.org
129: カナダヤマアラシ　ネブラスカ・ワイルドライフ・リハブ（米国ネブラスカ州）
www.nebraskawildliferehab.org
130-131: ヒガシキングペンギン　インディアナポリス動物園（米国インディアナ州）
www.indianapoliszoo.com

パートナー

133: ニシレッサーパンダ　リンカーン・チルドレンズ動物園（米国ネブラスカ州）
www.lincolnzoo.org
134: ダルマインコ　パンデモニウム・アビアリース（米国カリフォルニア州）
www.pandemoniumaviaries.org
136: シロフクロウ　トンプソンパーク・ニューヨーク州立動物園（米国ニューヨーク州）
www.nyszoo.org
137: ジャガーネコ　ハイム・ドゥケ・パーク（コロンビア）　www.parquejaimeduque.com
138: ホッキョクジリス　アラスカ大学フェアバンクス校（米国アラスカ州）

レッサースローロリス *(Nycticebus pygmaeus)* VU

www.uaf.edu
139: アメリカコアジサシ　フリーモント（米国ネブラスカ州）
140-141: キリギリスの一種　オーデュボン・バタフライガーデン・昆虫館（米国ルイジアナ州）
www.audubonnatureinstitute.org
142: ナイルワニ　セントオーガスティン・アリゲーターファーム（米国フロリダ州）
www.alligatorfarm.com
143: ナイルチドリ　タルサ動物園（米国オクラホマ州）　www.tulsazoo.org
144: コガタペンギン　シンシナティ動物園（米国オハイオ州）　www.cincinnatizoo.org
145: タバサララバーフロッグ　エル・バレ両生類保護センター（パナマ）
www.amphibianrescue.org
146: コウカンチョウ　オマハズ・ヘンリー・ドーリー動物園（米国ネブラスカ州）
www.omahazoo.com
146: ツキノワテリムク　オマハズ・ヘンリー・ドーリー動物園（米国ネブラスカ州）
www.omahazoo.com
146: ミミジロネコドリ　ヒューストン動物園（米国テキサス州）　www.houstonzoo.org
146: キンノジコ　ミラー・パーク動物園　（米国イリノイ州）　www.mpzs.org
147: コハナバチの一種　リンカーン（米国ネブラスカ州）
147: ヒゲナガハナバチの一種　リンカーン（米国ネブラスカ州）
147: ハキリバチの一種　リンカーン（米国ネブラスカ州）
147: セイヨウミツバチ　リンカーン（米国ネブラスカ州）
148-149: クチヒゲグエノンの一亜種　パルク・アサンゴ（ガボン）
150: シマハッカン　ピーサントヘブン（米国ノースカロライナ州）
152-153: ブチハイエナ　サンセット動物園（米国カンザス州）　www.sunsetzoo.com
154: サンゴトラザメ　オマハズ・ヘンリー・ドーリー動物園（米国ネブラスカ州）
www.omahazoo.com
155: コバンザメ　湾岸生物研究センター・水族館（米国フロリダ州）
www.gulfspecimen.org
156-157: オオハナインコの一亜種　パロット・イン・パラダイス（オーストラリア）
www.parrotsinparadise.net
158-159: パンサーカメレオン　ダラス・ワールド水族館（米国テキサス州）
www.dwazoo.com
160: キクメイシ類の一種　モート熱帯研究所（米国フロリダ州）　mote.org
161: アシナガバチの一種　ダラス動物園（米国テキサス州）　www.dallaszoo.com
162-163: ゴールデンラングール　アッサム州立動物園・植物園（インド）
www.assamforest.in
164: カナダオオヤマネコ　ポイントデファイアンス動物園・水族館（米国ワシントン州）
www.pdza.org
165: ハイイロシロアシマウスの一亜種　米国魚類野生生物局
コンサベーション・オフィス（米国フロリダ州）　www.fws.gov/panamacity

コアラ
(Phascolarctos cinereus)
VU

166: オオアリクイ　コールドウェル動物園（米国テキサス州）
www.caldwellzoo.org
167: ボウシテナガザル　テナガザル保全センター（米国カリフォルニア州）
www.gibboncenter.org
168-169: ハキリアリの一種　ダラス動物園（米国テキサス州）
www.dallaszoo.com
172: ヒマラヤハゲワシ　アッサム州立動物園・植物園（インド）
www.assamforest.in
173: ベニガオザル　アッサム州立動物園・植物園（インド）　www.assamforest.in
174-175: ジャガー　ブレバード動物園（米国フロリダ州）　www.brevardzoo.org
176: アフリカスイギュウ　タルサ動物園（米国オクラホマ州）　www.tulsazoo.org
177: ライラックニシブッポウソウ　オマハズ・ヘンリー・ドーリー動物園（米国ネブラスカ州）
www.omahazoo.com
178: カメノコハムシの一種　ゴロンゴーザ国立公園（モザンビーク）　www.gorongosa.org
179: ゴミムシダマシの一種　オーデュボン・バタフライガーデン・昆虫館
（米国ルイジアナ州）　www.audubonnatureinstitute.org
179: オオヒラタカナブン　オーデュボン・バタフライガーデン・昆虫館（米国ルイジアナ州）
www.audubonnatureinstitute.org
179: ハムシの一種　ゴロンゴーザ国立公園（モザンビーク）　www.gorongosa.org
179: ゴミムシの一種　オーデュボン・バタフライガーデン・昆虫館（米国ルイジアナ州）
www.audubonnatureinstitute.org
180-181: リカオン　オマハズ・ヘンリー・ドーリー動物園（米国ネブラスカ州）
www.omahazoo.com
182-183: イワドリ　ダラス・ワールド水族館（米国テキサス州）　www.dwazoo.com
184-185: ニシローランドゴリラ　グラディス・ポーター動物園（米国テキサス州）
www.gpz.org
186: レムールアカメアマガエル　アトランタ植物園（米国ジョージア州）
www.atlantabg.org
187: ナナフシの一種　ローリングヒルズ動物園（米国カンザス州）　www.rollinghillszoo.org
188-189: タスマニアデビル　オーストラリア動物園（オーストラリア）
www.australiazoo.com.au
190: ウミシイタケ属の一種　湾岸生物研究センター・水族館（米国フロリダ州）
www.gulfspecimen.org
191: ウチワヤギ科の一種　湾岸生物研究センター・水族館（米国フロリダ州）
www.gulfspecimen.org
192: クロザル　オマハズ・ヘンリー・ドーリー動物園（米国ネブラスカ州）
www.omahazoo.com
193: スラウェシバビルサ　ロサンゼルス動物園（米国カリフォルニア州）　www.lazoo.org
194-195: ヒマラヤオオカミ　パッドマジャ・ナイドゥ・ヒマラヤン動物公園（インド）
www.pnhzp.gov.in
196: ヒレナシシャコガイ　オマハズ・ヘンリー・ドーリー動物園（米国ネブラスカ州）
www.omahazoo.com
197: アラクサビカワボタンガイ　クリンチ川（米国テネシー州）
197: シカアシカワボタン　ミズーリ州立大学（米国ミズーリ州）
197: イシガイ科の一種　クリンチ川（米国テネシー州）
197: ヒギンスランプヌマガイ　ジェノア国立魚卵孵化場（米国ウィスコンシン州）
www.fws.gov/midwest/genoa
197: スジヒバリガイ　セッジ島天然資源教育センター（米国ニュージャージー州）
www.njfishandwildlife.com/sedge.htm
197: ウネカワボタン　ジェノア国立魚卵孵化場（米国ウィスコンシン州）
www.fws.gov/midwest/genoa
198: リモサハーレクインフロッグ　エル・バレ両生類保護センター（パナマ）
www.amphibianrescue.org
200-201: コオバシギ　デラウェアベイ海鳥プロジェクト
（米国ニュージャージー州）　www.conservewildlifenj.org

正反対

203: ミツユビハコガメ　セジウィック郡動物園（米国カンザス州）　www.scz.org
204: ヒゲペンギン　ニューポート水族館（米国ケンタッキー州）
www.newportaquarium.com
206: ニジキジ　ピーサントヘブン（米国ノースカロライナ州）
207: キタアオジタトカゲ　リバーサイド・ディスカバリー・センター
（米国ネブラスカ州）　www.riversidediscoverycenter.org
208: ヒメリンゴマイマイ　ヒールズビル野生動物保護区（オーストラリア）
www.zoo.org.au/healesville
209: チーター　ホワイトオーク・コンサベーションセンター（米国フロリダ州）
www.whiteoakwildlife.org
210-211: コビトマングース　オマハズ・ヘンリー・ドーリー動物園（米国ネブラスカ州）
www.omahazoo.com
212-213: ベタ・スプレンデンス　ピュア・アクアリウムス（米国ネブラスカ州），個人飼育
214: ササキリの近似種　スプリングクリーク・プレーリー（米国ネブラスカ州）
215: 巨大ナナフシの一種　メルボルン動物園（オーストラリア）
www.zoo.org.au/melbourne
216: ヤスデの一種　オーデュボン・バタフライガーデン・昆虫館（米国ルイジアナ州）
www.audubonnatureinstitute.org
217: ヨーロッパアシナシトカゲ　リンカーン・チルドレンズ動物園（米国ネブラスカ州）
www.lincolnzoo.org
218: ヒフキアイゴ　ネブラスカ・アクアティック・サプライ（米国ネブラスカ州）
www.nebraskaaquatic.com
218: ナンヨウハギ　ネブラスカ・アクアティック・サプライ（米国ネブラスカ州）
www.nebraskaaquatic.com
218: ホワイトバードボックスフィッシュ
オマハズ・ヘンリー・ドーリー動物園（米国ネブラスカ州）　www.omahazoo.com
218: ルリヤッコ　ピュア・アクアリウムス（米国ネブラスカ州）
219: ラザーバックサッカー　コロラド川水系
219: ボニーテイル　コンサベーションフィッシャリー（米国テネシー州）
www.conservationfisheries.org
219: ハンプバックチャブ　ダウンタウン水族館（米国コロラド州）
www.aquariumrestaurants.com/downtownaquariumdenver
219: コロラドパイクミノー　ダウンタウン水族館（米国コロラド州）
www.aquariumrestaurants.com/downtownaquariumdenver

220-221: ニシユキチドリ　モントレーベイ水族館（米国カリフォルニア州）
www.montereybayaquarium.org
222: アオコブホウカンチョウ　コロンビア国立鳥園（コロンビア）　www.acopazoa.org
224: ニシダイヤガラガラヘビ　レプタイル・ガーデンズ（米国サウスダコタ州）
www.reptilegardens.com
224: アナホリフクロウの一亜種　個人飼育
225: オグロプレーリードッグ　アトランタ動物園（米国ジョージア州）
www.zooatlanta.org
226: アフリカヒョウ　ヒューストン動物園（米国テキサス州）
www.houstonzoo.org
227: アフリカヒョウ（黒色個体）　アラバマ・ガルフ・コースト動物園（米国アラバマ州）
www.alabamagulfcoastzoo.org
228: クモガニ類の一種　セッジ島天然資源教育センター（米国ニュージャージー州）
www.njfishandwildlife.com/sedge.htm
229: アシダカグモ科の一種　ビオコ島（赤道ギニア）
230: キタコアリクイ　サミット公園（パナマ）
231: コクレルシファカ　ヒューストン動物園（米国テキサス州）
www.houstonzoo.org
232: サキシマミノウミウシ属の一種　カリフォルニア大学リサーチ・エクスペリエンス・アンド・エデュケーション・ファシリティ（米国カリフォルニア州）
www.msi.ucsb.edu/reef
232: イロウミウシ科の一種　湾岸生物研究センター・水族館（米国フロリダ州）
www.gulfspecimen.org
232: カノコキセワタ科の一種　カリフォルニア大学リサーチ・エクスペリエンス・アンド・エデュケーション・ファシリティ（米国カリフォルニア州）　www.msi.ucsb.edu/reef
232: ジャンボアメフラシ　カリフォルニア大学リサーチ・エクスペリエンス・アンド・エデュケーション・ファシリティ（米国カリフォルニア州）　www.msi.ucsb.edu/reef
232: イバラウミウシ属の一種（Okenia rosacea）　カリフォルニア大学リサーチ・エクスペリエンス・アンド・エデュケーション・ファシリティ（米国カリフォルニア州）
www.msi.ucsb.edu/reef
232: ゴクラクミドリガイ属の一種　湾岸生物研究センター・水族館（米国フロリダ州）
www.gulfspecimen.org
232: クロシタナシウミウシ属の一種　湾岸生物研究センター・水族館（米国フロリダ州）　www.gulfspecimen.org
232: メリベウミウシ属の一種　アラスカ・シーライフ・センター（米国アラスカ州）
www.alaskasealife.org
233: マダラコウラナメクジ　セントルイス動物園（米国ミズーリ州）　www.stlzoo.org
234: アジアゾウ　ロサンゼルス動物園（米国カリフォルニア州）　www.lazoo.org
235: クロアカハネジネズミ　オマハズ・ヘンリー・ドーリー動物園（米国ネブラスカ州）
www.omahazoo.com
236: オオキタムラサキウニ　カリフォルニア大学リサーチ・エクスペリエンス・アンド・エデュケーション・ファシリティ（米国カリフォルニア州）　www.msi.ucsb.edu/reef
237: ウミグモ類の一種　湾岸生物研究センター・水族館（米国フロリダ州）
www.gulfspecimen.org
238: テンニンチョウ　シルバン・ハイツ・バードパーク（米国ノースカロライナ州）
www.shwpark.com
239: ルリガシラセイキチョウ　シルバン・ハイツ・バードパーク（米国ノースカロライナ州）
www.shwpark.com
242: ハイチフチア　国立動物公園（ドミニカ共和国）　www.zoodom.gov.do
243: ハイチソレノドン　国立動物公園（ドミニカ共和国）　www.zoodom.gov.do
244: アカオクロオウムの一亜種　トレーシー鳥類園（米国ユタ州）　www.tracyaviary.org
245: テンジクバタン　ヒールズビル野生動物保護区（オーストラリア）
www.zoo.org.au/healesville
246-247: ニシアフリカナキヤモリ　ビオコ島（赤道ギニア）
248: イチゴヤドクガエル　オマハズ・ヘンリー・ドーリー動物園（米国ネブラスカ州）
www.omahazoo.com
249: イチゴヤドクガエル（上段左）　個人飼育
249: イチゴヤドクガエル（上段中央）
ボルチモア国立水族館（米国メリーランド州）　www.aqua.org
249: イチゴヤドクガエル（上段右）　ボルチモア国立水族館（米国メリーランド州）
www.aqua.org
249: イチゴヤドクガエル「ラ・グルタ」　個人飼育
249: イチゴヤドクガエル「アルミランテ」　個人飼育
249: イチゴヤドクガエル「ブルーノ」　個人飼育
249: イチゴヤドクガエル「リオブランコ」　個人飼育
249: イチゴヤドクガエル「ブルーフェーズ」　ボルチモア国立水族館（米国メリーランド州）　www.aqua.org
249: イチゴヤドクガエル「ブリブリ」　個人飼育
250: ガラパゴスゾウガメ　グラディス・ポーター動物園（米国テキサス州）　www.gpz.org
251: ヌマハコガメ　グラディス・ポーター動物園（米国テキサス州）　www.gpz.org
252: ヘイゲンミルクヘビ　ロサンゼルス動物園（米国カリフォルニア州）　www.lazoo.org
253: ハーレクインサンゴヘビ　リバーバンクス動物園（米国サウスカロライナ州）
www.riverbanks.org
254: ライオン　オマハズ・ヘンリー・ドーリー動物園（米国ネブラスカ州）
www.omahazoo.com
256-257: オオクロムクドリモドキ　個人飼育

変わりもの

259: オオコウモリの一種　ビオコ島（赤道ギニア）
259: ヘビクイワシ　トロント動物園（カナダ）
www.torontozoo.com
260: ソバージュネコメガエル　ローリングヒルズ動物園（米国カンザス州）　www.rollinghillszoo.org
262: ヒガシミユビハリモグラ　タロンガ動物園（オーストラリア）　www.taronga.org.au
263: カモノハシ　ヒールズビル野生動物保護区（オーストラリア）
www.zoo.org.au/healesville
264: キンギョの一種、頂点眼
香港海洋公園（中華人民共和国）
www.oceanpark.com.hk
265: スラウェシメガネザル
ワイルドライフ・リザーブズ・シンガポール（シンガポール）　www.wrs.com.sg
266-267: ツノサケビドリ　コロンビア国立鳥園（コロンビア）　www.acopazoa.org
268: オナガヤママユの一種
オマハズ・ヘンリー・ドーリー動物園（米国ネブラスカ州）　www.omahazoo.com
269: ミツヅノコノハガエル　個人飼育
270: ニジチュウハシ　ダラス・ワールド水族館（米国テキサス州）　www.dwazoo.com
271: メキシコドクトカゲ　セジウィック郡動物園（米国カンザス州）　www.scz.org
272: イトマキヒトデ科の一種
インディアナポリス動物園（米国インディアナ州）
www.indianapoliszoo.com

フンボルトペンギン *(Spheniscus humboldti)* VU

272: シュイロヒメヒトデ インディアナポリス動物園（米国インディアナ州） www.indianapoliszoo.com
272: マヒトデ科の一種 ミネソタ動物園 （米国ミネソタ州） www.mnzoo.org
272: カスリマクヒトデ アラスカ・シーライフ・センター（米国アラスカ州） www.alaskasealife.org
273: マヒトデ科の一種 ブランク・パーク動物園（米国アイオワ州） www.blankparkzoo.com
273: ノコギリヒトデ科の一種 ブーンショフト・ディスカバリー博物館（米国オハイオ州） www.boonshoftmuseum.org
273: ゴカクヒトデ科の一種 インディアナポリス動物園（米国インディアナ州） www.indianapoliszoo.com
273: オオクモヒトデ インディアナポリス動物園（米国インディアナ州） www.indianapoliszoo.com
274-275: アカトンボ類に近いトンボの一種 キシミー・プレーリー保全州立公園（米国フロリダ州） www.floridastateparks.org
276: ハイアシドゥクラングール クックフーン国立公園絶滅危惧霊長類保護センター（ベトナム） www.cucphuongtourism.com
278: エダハヘラオヤモリ ヒューストン動物園（米国テキサス州） www.houstonzoo.org
279: ビーズヤモリ コンサベーションフィッシャリー（米国テネシー州） www.conservationfisheries.org
280: マレーバク ミネソタ動物園（米国ミネソタ州） www.mnzoo.org
281: ポルカドット・スティングレイ ダラス・ワールド水族館（米国テキサス州） www.dwazoo.com
282-283: インドガビアル カックレール・ガビアル&タートル・リハビリテーションセンター（インド）
284: アカウアカリ ロサンゼルス動物園（米国カリフォルニア州） www.lazoo.org
285: アカサカオウム パロット・イン・パラダイス（オーストラリア） www.parrotsinparadise.net
286: キボシイワハイラックス プルゼニ動物園（チェコ共和国） www.zooplzen.cz
287: アフリカゾウ インディアナポリス動物園（米国インディアナ州） www.indianapoliszoo.com
288-289: アメリカシロヅル オーデュボン自然研究所（米国ルイジアナ州） www.audubonnatureinstitute.org
290: ドールシープ アラスカ動物園（米国アラスカ州） www.alaskazoo.org
291: セアカリスザル サミット公園（パナマ）
292-293: アイアイ オマハズ・ヘンリー・ドーリー動物園（米国ネブラスカ州） www.omahazoo.com
294: アオツラミツスイの一亜種 プルゼニ動物園（チェコ共和国） www.zooplzen.cz
295: アオマルメヤモリ シャイアンマウンテン動物園（米国コロラド州） www.cmzoo.org
296: メダマヤママユの一種 昆虫館（エクアドル）
297: コモリグモの一種 アーチボルド生物学研究所（米国フロリダ州） www.archbold-station.org
298-299: ミズダコ ダラス・ワールド水族館（米国テキサス州） www.dwazoo.com
300: アジアゾウ シンガポール動物園（シンガポール） www.zoo.com.sg

フォッサ *(Cryptoprocta ferox)* VU

301: ジャワジャコウネコ シンガポール動物園（シンガポール） www.zoo.com.sg
302-303: グラスキャットフィッシュの一種 ワイルドライフ・リザーブズ・シンガポール（シンガポール） www.wrs.com.sg
304: ハリセンボン ネブラスカ・アクアティック・サプライ（米国ネブラスカ州） www.nebraskaaquatic.com
305: オウギガニ類の一種 湾岸生物研究センター・水族館（米国フロリダ州） www.gulfspecimen.org
305: タイセイヨウマツカサウニ 湾岸生物研究センター・水族館（米国フロリダ州） www.gulfspecimen.org
306: インドライオン カムラ・ネルー動物公園（インド） www.ahmedabadzoo.in
307: ストライプフルーツコウモリ プルゼニ動物園（チェコ共和国） www.zooplzen.cz
308: ネルソンミルクヘビ シアトル（米国ワシントン州）
308: オオカンガルー コロンバス動物園・水族館（米国オハイオ州） www.columbuszoo.org
308: ブロンズガエル ボルチモア国立水族館（米国メリーランド州） www.aqua.org
308: タイコブラ オマハズ・ヘンリー・ドーリー動物園（米国ネブラスカ州） www.omahazoo.com
309: アカオノスリ ミネソタ動物園（米国ミネソタ州） www.mnzoo.org
310-311: キンシコウ 香港海洋公園（中華人民共和国） www.oceanpark.com.hk
312: クロワシミミズク アトランタ動物園（米国ジョージア州） www.zooatlanta.org
313: カクシツカイメン類の一種 湾岸生物研究センター・水族館（米国フロリダ州） www.gulfspecimen.org
314: ミナミアフリカダチョウ オマハズ・ヘンリー・ドーリー動物園（米国ネブラスカ州） www.omahazoo.com
315: グラントシマウマ シャイアンマウンテン動物園 （米国コロラド州） www.cmzoo.org
316-317: ウンピョウ コロンバス動物園・水族館（米国オハイオ州） www.columbuszoo.org
318: コウヒロナガクビガメ テネシー水族館（米国テネシー州） www.tnaqua.org
319: ミュラーテナガザル ミラー・パーク動物園（米国イリノイ州） www.mpzs.org
320-321: ハダカデバネズミ セントルイス動物園（米国ミズーリ州） www.stlzoo.org
322: オウギバト コロンバス動物園・水族館（米国オハイオ州） www.columbuszoo.org
323: タコクラゲ オマハズ・ヘンリー・ドーリー動物園（米国ネブラスカ州） www.omahazoo.com
324: アフリカヘラサギ ヒューストン動物園（米国テキサス州） www.houstonzoo.org
325: テングザル シンガポール動物園（シンガポール） www.zoo.com.sg
326-327: テングカワハギ オマハズ・ヘンリー・ドーリー動物園（米国ネブラスカ州） www.omahazoo.com
328: ワウワウテナガザル テナガザル保全センター（米国カリフォルニア州） www.gibboncenter.org
329: エリマキトカゲ リンカーン・チルドレンズ動物園（米国ネブラスカ州） www.lincolnzoo.org
330: アカメアマガエル属の一種 ポンティフィシア・カトリック大学（エクアドル） www.puce.edu.ec
330: アイゾメヤドクガエル 個人飼育
330: サラヤクアマガエル 個人飼育
330: チリカワヒョウガエル フェニックス動物園（米国アリゾナ州） www.phoenixzoo.org
330: サンルーカスフクロアマガエル ポンティフィシア・カトリック大学（エクアドル） www.puce.edu.ec
330: モリベニモンヤドクガエル 個人飼育
330: スナドケイアマガエル ヘンリー・ビラス動物園（米国ウィスコンシン州） www.vilaszoo.org

330: ヤマキアシガエル　キングス・キャニオン国立公園（米国カリフォルニア州）
330: キマダラフキヤガマ　ポンティフィシア・カトリック大学（エクアドル）
www.puce.edu.ec
331: アイゾメヤドクガエル（コバルトヤドクガエル型）　個人飼育
332: シロフクロウ　ラプターリカバリー（米国ネブラスカ州）
www.fontenelleforest.org/raptor-recovery
334: ズグロトサカゲリ　コロンバス動物園・水族館（米国オハイオ州）
www.columbuszoo.org
335: コキサカオウム　ジュロン・バードパーク（シンガポール）
www.birdpark.com.sg
336: フトカミキリの一種　クックフーン国立公園（ベトナム）
www.cucphuongtourism.com
337: ウシ（アンコーレ・ワトゥシ）　ブランク・パーク動物園（米国アイオワ州）
www.blankparkzoo.com
338-339: コロンビアシロガオオマキザル　サミット公園（パナマ）

語り継ぐ希望

341: アメリカアカオオカミの一亜種　グレートプレーンズ動物園（米国サウスダコタ州）
www.greatzoo.org
342: カンムリシロムク　シャイアンマウンテン動物園（米国コロラド州）
www.cmzoo.org
346: オウボウシインコ　ヒューストン動物園（米国テキサス州）
www.houstonzoo.org
347: カートランドアメリカムシクイ　マイオ（米国ミシガン州）
348-349: ゴールデンライオンタマリン
リンカーン・チルドレンズ動物園（米国ネブラスカ州）　www.lincolnzoo.org
350: クロアシイタチ　トロント動物園（カナダ）　www.torontozoo.com
351: アラスカラッコ　ミネソタ動物園（米国ミネソタ州）　www.mnzoo.org
352: カリフォルニアコンドル　フェニックス動物園（米国アリゾナ州）
www.phoenixzoo.org
353: コサンケイ　ピーサントヘブン（米国ノースカロライナ州）
354-355: アメリカモンシデムシ　セントルイス動物園（米国ミズーリ州）
www.stlzoo.org
356: アダックス　バッファロー動物園（米国ニューヨーク州）　www.buffalozoo.org
357: アメリカアリゲーター（ミシシッピワニ）　カンザスシティ動物園（米国ミズーリ州）
www.kansascityzoo.org
358: タカヘ　ジーランディア・エコサンクチュアリー（ニュージーランド）
www.visitzealandia.com
359: クビワゴシキセイガイインコ　インディアナポリス動物園（米国インディアナ州）
www.indianapoliszoo.com
362-363: 家畜種のフタコブラクダ　リンカーン・チルドレンズ動物園（米国ネブラスカ州）
www.lincolnzoo.org
364: バンクーバーマーモット　トロント動物園（カナダ）　www.torontozoo.com
365: グリズリー（ハイイログマ）　セジウィック郡動物園（米国カンザス州）　www.scz.org
366-367: ヌビアダマガゼル　グラディス・ポーター動物園（米国テキサス州）
www.gpz.org
368: ハヤブサ　ラプターリカバリー（米国ネブラスカ州）
www.fontenelleforest.org/raptor-recovery
369: アオキコンゴウインコ　セジウィック郡動物園（米国カンザス州）　www.scz.org
370-371: ハワイガン　グレートプレーンズ動物園（米国サウスダコタ州）
www.greatzoo.org
372: モウコノウマ　グラディス・ポーター動物園（米国テキサス州）　www.gpz.org
373: ボンテボック　グラディス・ポーター動物園（米国テキサス州）　www.gpz.org
374-375: イエローフィンマッドトム　コンサベーションフィッシャリー（米国テネシー州）
www.conservationfisheries.org
376: カッショクペリカン　サンタバーバラ野生生物保護ネットワーク（米国カリフォルニア州）
www.sbwcn.org
377: フロリダパンサー　ローリーパーク動物園（米国フロリダ州）
www.lowryparkzoo.com
378: フエコチドリ　フリーモント（米国ネブラスカ州）
379: グアムクイナ　セジウィック郡動物園（米国カンザス州）　www.scz.org
380-381: アオコンゴウインコ　サンパウロ動物園（ブラジル）
www.zoologico.com.br
382: アムールヒョウ　オマハズ・ヘンリー・ドーリー動物園（米国ネブラスカ州）
www.omahazoo.com
383: スマトラトラ　ミラー・パーク動物園（米国イリノイ州）　www.mpzs.org
384-385: フクロウオウム　ジーランディア（ニュージーランド）
www.visitzealandia.com
386: スマトラオランウータン　グラディス・ポーター動物園（米国テキサス州）
www.gpz.org
387: メキシコオオカミ　エンデインジャード・ウルフ・センター（米国ミズーリ州）
www.endangeredwolfcenter.org
390: エボシカメレオン　ローリングヒルズ動物園（米国カンザス州）
www.rollinghillszoo.org
392: アフリカオオコノハズク　シンシナティ動物園（米国オハイオ州）
www.cincinnatizoo.org
393: キリン　ローリングヒルズ動物園（米国カンザス州）
www.rollinghillszoo.org
394: コビトカイマン　グラディス・ポーター動物園
（米国テキサス州）　www.gpz.org
395: レッサースローロリス　オマハズ・ヘンリー・
ドーリー動物園（米国ネブラスカ州）
www.omahazoo.com
396: コアラ　オーストラリア動物園野生動物病院
（オーストラリア）　www.australiazoo.com.au
397: フンボルトペンギン　グレートプレーンズ動物園
（米国サウスダコタ州）　www.greatzoo.org
398: フォッサ　オマハズ・ヘンリー・ドーリー動物園
（米国ネブラスカ州）　www.omahazoo.com
399: ミケリス　ヒューストン動物園（米国テキサス州）
www.houstonzoo.org

写真クレジット

下記以外の写真　Joel Sartore; 76ページ　**Ellen Sartore;** 170ページ **Ashima Narain;** 171ページ(下) **Ashima Narain;** 240ページ **Cole Sartore;** 241ページ(下) **Cole Sartore;** 300ページ **Lim Sin Thai/ The Straits Times;** 361ページ(下) **Rebecca L. Wright;** 391ページ(上) **Cole Sartore;** 391ページ(中) Courtesy Conservation International.

ミケリス *(Callosciurus prevostii)* **LC**

ナショナル ジオグラフィック協会は1888年の設立以来、研究、探検、環境保護など
1万4000件を超えるプロジェクトに資金を提供してきました。ナショナル ジオグラフィック
パートナーズは、収益の一部をナショナルジオグラフィック協会に還元し、
動物や生息地の保護などの活動を支援しています。
日本では日経ナショナル ジオグラフィック社を設立し、1995年に創刊した月刊誌
『ナショナル ジオグラフィック日本版』のほか、書籍、ムック、ウェブサイト、SNSなど
様々なメディアを通じて、「地球の今」を皆様にお届けしています。

nationalgeographic.jp

名称監修
・水棲無脊椎動物　藤田敏彦（国立科学博物館 動物研究部）
・昆虫　野村周平（国立科学博物館 動物研究部）
・脊椎動物　大渕希郷（京都大学 野生動物研究センター／公益財団法人日本モンキーセンター 学術部）
綿貫宏史朗（京都大学 霊長類研究所／公益財団法人日本モンキーセンター 学術部）

PHOTO ARK　動物の箱舟　絶滅から動物を守る撮影プロジェクト

2017年 8 月15日　第1版1刷
2022年 1 月25日　6刷

写真・著者　ジョエル・サートレイ
訳者　関谷冬華
編集　尾崎憲和　葛西陽子
編集協力　小葉竹由美
デザイン　宮坂淳（snowfall）
制作　クニメディア
発行者　滝山晋
発行　日経ナショナル ジオグラフィック社
〒105-8308　東京都港区虎ノ門4-3-12
発売　日経BPマーケティング
印刷・製本　凸版印刷

ISBN978-4-86313-395-2
Printed in Japan

乱丁・落丁本のお取替えは、こちらまでご連絡ください。
https://nkbp.jp/ngbook